はじめに

私たちは，縦・横・高さからなる，3次元の空間に住んでいます。
そう聞いて，異論をとなえる人はいないと思います。
SF小説やマンガにも，「次元」という言葉がよく登場します。
しかし，そもそも次元とは，何なのでしょうか。

この本では，まず「次元の考え方」をわかりやすく紹介します。
1次元から順に，2次元，3次元……と考えていくと，
さらにその先の，目に見えない4次元の世界が想像しやすくなります。

また，最先端の物理学では
「この世界には，4次元をこえるかくれた次元が存在する」
と考えられています。
それはいったい，どういうことなのでしょうか。

摩訶不思議な次元の世界を，存分にお楽しみください。

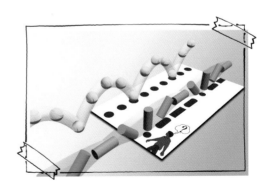

次元の数とは『動ける方向』の数

3次元空間では，前後・左右・上下の3方向に動くことができる

「次元」とはいったい何なのでしょうか？ 次元についてのくわしい話に入る前に，次元の考え方を簡単に押さえておきましょう。

次元とは，簡単にいえば「動ける方向」の数のことです。大きさをもたない「点」の中では，どの方向にも動けないので0次元です。「直線」は，前後に動くことができるので1次元です。「面」は前後だけでなく左右にも動けるので2次元です。「地球の表面」も，緯度と経度の2方向に動けるので2次元です。そして，前後・左右・上下の3方向に動くことができる私たちは，「3次元空間」に暮らしているといえます。

さて，この考え方を発展させて，自由に動ける第4の方向というものを考えるとどうなるでしょうか。現実にはそのような方向はないように思いますが，数学的には考えることができます。それが4次元空間です。3次元空間で暮らす私たちが，感覚として4次元空間を理解するのはむずかしいでしょう。しかし，この本を通して，高次元の世界や，次元とは何かについて，きっと理解を深めることができるでしょう。

4次元では4本の軸が直角にまじわる

次元の数は，それぞれの空間で自由に動ける方向の数と一致します。想像するのはむずかしいですが，4次元空間の中では，縦・横・高さのすべてに垂直な第4の方向に動くことができます。

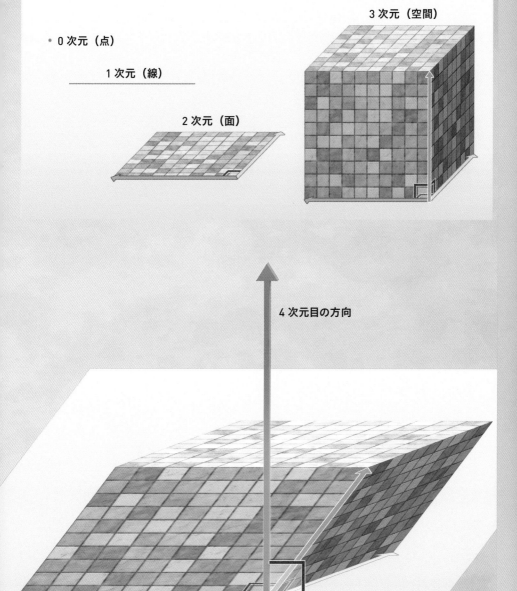

・0 次元（点）

1 次元（線）

2 次元（面）

3 次元（空間）

4 次元目の方向

2 次元の面で表現した 3 次元空間

約140年前のSF小説に登場した『異次元の世界』

小説「フラットランド」の主人公は2次元人

3次元の物体を2次元人が見ると?

2次元平面には縦・横はありますが, 高さがありません。そのため, 私たちが縦・横・高さ以外の方向をイメージできないのと同じように, スクエア氏のような2次元人は, 高さのある3次元空間と, そこに存在する物体を正しくイメージできないのです。

今から140年ほど前，イギリスで『フラットランド』（エドウィン・アボット・アボット著）というSF小説が刊行されました。これは，「2次元の世界」に住む主人公が体験する，ことなる次元世界との邂逅（かいこう）をえがいた物語です。

フラットランドは平らな2次元の世界で，幅と奥行きはあるものの，高さがありません。そこに住む人々は，円や四角形，三角形といった「形」で区別されています。しかし，私たちのようにそれらの形が彼らに見えているわけではありません。フラットランドの住人は，平面にはりついて生きているので，彼らには点か線だけしか見えません。

主人公のA．スクエア（正方形）氏は，3次元世界からの来訪者「球」に出会います。球はスクエア氏に，2次元世界よりも高次元である「高さ」を説明しようとしますが，スクエア氏はその概念を理解することができません。

そこで球は，スクエア氏を2次元世界からひきはがし，実際の3次元世界を見せるのです。3次元の世界を目の当たりにしたスクエア氏は，そこで体験したことを，2次元世界のほかの人たちに伝えようとします。しかしうまくいかず，囚人となってしまいます。

この物語のように，**私たちも4次元以上の次元を感覚的に理解することはむずかしいですが，次の章から順を追って考えていきましょう。**

1884年に刊行された初版『フラットランド』の表紙。五角形の図は，フラットランドからひきはがされたスクエア氏が目の当たりにした自宅のようすです。広間で直線形の妻が，姿の見えなくなったスクエア氏の帰りを心配そうに待っています。

1

空間の次元を考えよう

私たちの住む世界は，縦・横・高さをもつ3次元空間です。一方，「4次元ポケット」や「4次元空間」など，マンガや小説には3次元をこえた世界がしばしば登場しています。まずは線・面・立体といった，なじみのある図形をもとに次元をみていきましょう。

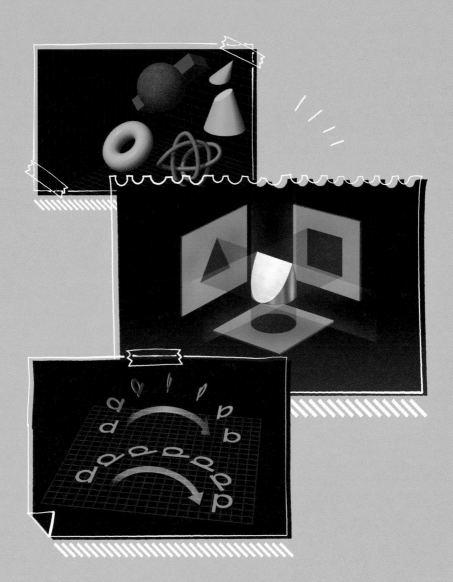

次元の基本は「点」「線」「面」

紀元前から存在していた定義とは

「**次**元」という概念は，空間や図形の広がりや複雑さを示すものとして，紀元前から存在していたようです。

古代ギリシャの数学者ユークリッド（エウクレイデス，紀元前300年ころ）は，幾何学※におけるそれまでの成果を体系化して『原論』にまとめました。彼は『原論』の中で，点，線，面，立体などの定義を次のように定めています。

・点とは部分をもたないものである。
・線とは幅のない長さである。
・面とは長さと幅のみをもつものである。
・立体とは長さと幅と高さをもつものである。

また古代ギリシャの哲学者アリストテレス（紀元前384〜前322）は著書『天体論』の中で，「立体は"完全"であり，3次元をこえる次元は存在しない」と論じています。

ユークリッドの『原論』に書かれた定義

『原論』では，ここで示した定義のほかに，「線の端は点である」「面の端は線である」「立体の端は面である」という定義もなされています。

※：図形や空間の性質を研究する学問。幾何学については，72〜73ページでくわしく説明します。

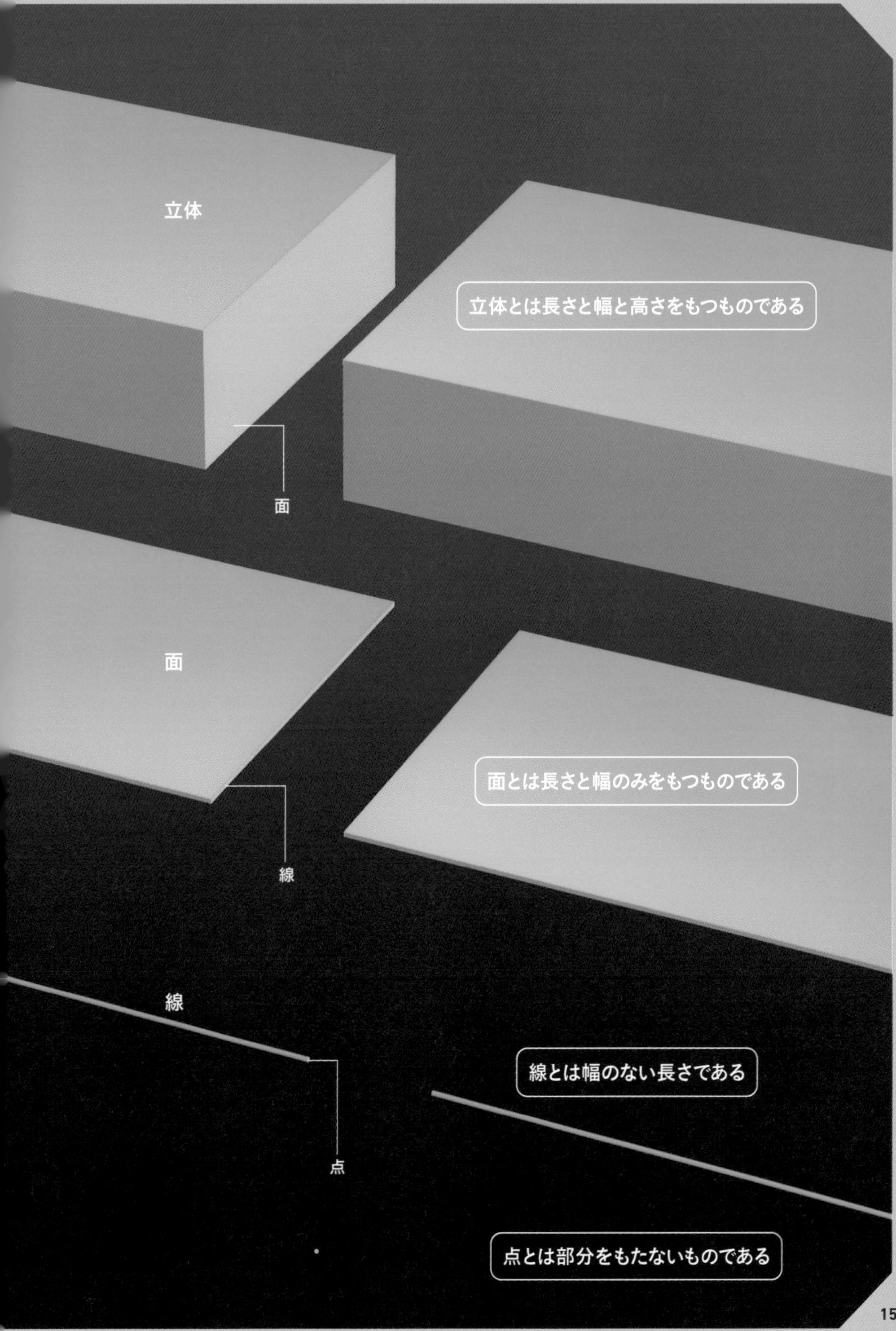

立体

立体とは長さと幅と高さをもつものである

面

面

面とは長さと幅のみをもつものである

線

線

線とは幅のない長さである

点

点とは部分をもたないものである

どうして『点』は0次元なのか

1点の位置をあらわす数値と次元の関係

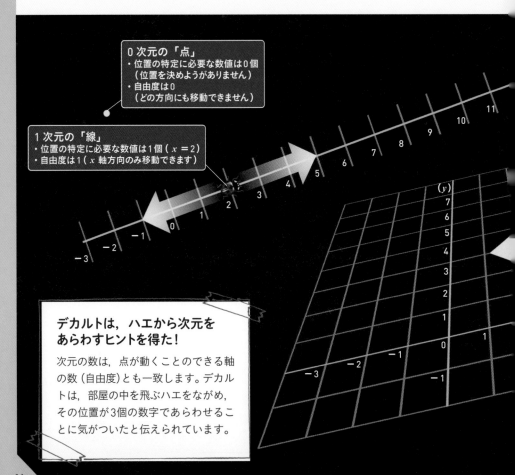

0次元の「点」
- 位置の特定に必要な数値は0個（位置を決めようがありません）
- 自由度は0（どの方向にも移動できません）

1次元の「線」
- 位置の特定に必要な数値は1個（$x = 2$）
- 自由度は1（x軸方向のみ移動できます）

-3　-2　-1　0　1　2　3　4　5　6　7　8　9　10　11

(y)
7
6
5
4
3
2
1
0　　　　1
-1
-3　-2　-1

デカルトは，ハエから次元をあらわすヒントを得た！

次元の数は，点が動くことのできる軸の数（自由度）とも一致します。デカルトは，部屋の中を飛ぶハエをながめ，その位置が3個の数字であらわせることに気がついたと伝えられています。

フランスの哲学者であり数学者のルネ・デカルト（1596 ～ 1650）は，「座標」の概念を確立しました。デカルト流には，**次元は「1点の位置（座標）を決めるために必要な数値の個数」と定義できます。**

　まず，大きさをもたない「点」の中では，位置を決めようがありません。したがって，点は0次元です。直線では，基準となる点を決めておき，そこからの距離に相当する1個の数（たとえば $x = 2$）をあたえれば，1点の位置が定まります。逆方向に進んだときは距離にマイナスをつけます。ですから直線は1次元です。また曲線でも同じことがいえますので，曲線も1次元です。

　「面」は2次元です。方眼紙は，縦と横の目盛りを指定する数値（たとえば $x = 4$，$y = 3$）をあたえれば，1点の位置が定まります。

　同じように地球の表面も，「緯度」と「経度」の2個の数値で位置を特定できますので，球面も2次元です。

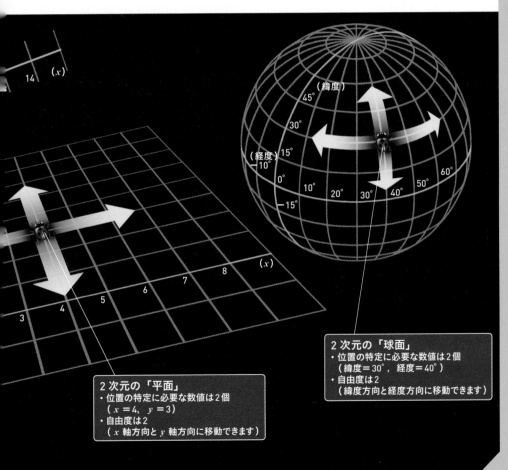

2次元の「平面」
・位置の特定に必要な数値は2個（$x = 4$，$y = 3$）
・自由度は2（x軸方向とy軸方向に移動できます）

2次元の「球面」
・位置の特定に必要な数値は2個（緯度＝30°，経度＝40°）
・自由度は2（緯度方向と経度方向に移動できます）

私たちの世界が『3次元』といえる理由

空間の中の位置は、経度・緯度・高さで決まる

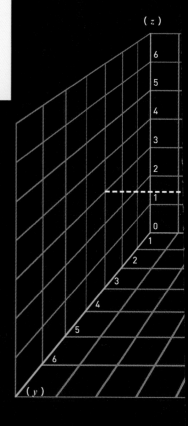

私たちが暮らすこの空間は3次元です。たとえば空を飛ぶ航空機の位置を考えてみましょう。航空機の位置を特定する場合、緯度と経度という2次元の情報に加えて、高さの情報が必要です。つまり**「緯度」「経度」「高さ」という3個の数値を使って位置を特定します**。航空機やカーナビなどに搭載されているGPS（全地球測位システム）は、この緯度・経度・高さの3個の数値で現在位置を求めています。

適切な座標を設定すれば、太陽系や銀河系のスケールでも、空間の中の位置を3個の数値であらわすことが可能です。たとえば、銀河系内の天体の位置を示す方法として、銀河系の中心方向と銀河面を基準にした銀河座標（銀緯、銀経）[※]、および地球からの距離という3個の数値を使うなどが考えられます。

こうしたことから、私たちの暮らす空間は3次元だといえるのです。

※：天球上での位置をあらわす座標系の一つ。地球から見た銀河系中心方向が銀経0°、銀河面が銀緯0°にあたります。

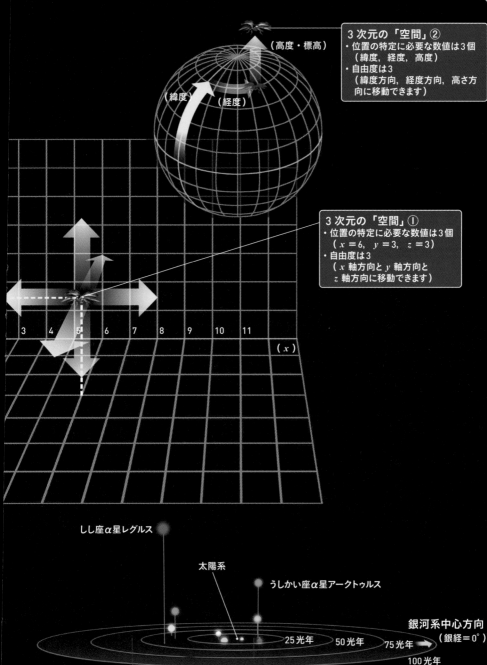

（高度・標高）

（緯度）　（経度）

3次元の「空間」②
・位置の特定に必要な数値は3個
　（緯度，経度，高度）
・自由度は3
　（緯度方向，経度方向，高さ方
　向に移動できます）

3次元の「空間」①
・位置の特定に必要な数値は3個
　（$x=6$，$y=3$，$z=3$）
・自由度は3
　（x軸方向とy軸方向と
　z軸方向に移動できます）

| 3 | 4 | 5 | 6 | 7 | 8 | 9 | 10 | 11 |

（x）

しし座α星レグルス

太陽系

うしかい座α星アークトゥルス

銀河系中心方向
（銀経＝0°）

25光年　50光年　75光年

100光年

おうし座α星アルデバラン

銀河面
（銀緯＝0°）

『形』が登場するのは2次元から

1次元の世界では
フィギュアスケートはできない

1次元の世界である直線は，二つの領域AとBがあるとき，両者をくらべる尺度は長さだけです。

2次元の世界（面）の上にある二つの領域AとBは，「面積」によってくらべることができます。ですがAとBは，面積以外の特徴によっても比較できます。その特徴とは「形」です。

2次元の世界には，三角形や四角形，円や楕円，あるいは曲線で囲まれた不規則な図形など，1次元の世界にはないさまざまな「形」が登場するのです。

形をあつかう数学である「幾何学」は，1次元にはなく，2次元ではじめて登場します。また，形と同じように，「角度」や「回転」といった言葉も，2次元の世界ではじめて意味をもちます。たとえていえば，1次元の世界ではスピードスケートはできても，フィギュアスケートはできない，ということです。

1次元（線）の上にある
領域A 〜 C

長さでしか比較できません。

領域A

2次元（面）の上にある
領域A 〜 F

面積のほか，形で比較することができます。

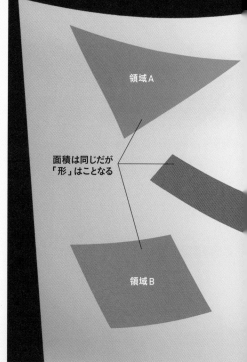

領域A

面積は同じだが
「形」はことなる

領域B

曲線は「形」といえるのか？

曲線の「曲がり」は，「形」に相当するのでは？と思う人もいるでしょう。しかしこれは，3次元空間に住む私たちが"外から"見ているために出てくる疑問です。

　仮に1次元の世界に住む生物がいたとしたら，彼らにとって，方向は「前後」しか存在しません。1次元生物は，線に沿ってしか進むことができないため，前を見ても後ろを見ても大きさをもたない「点」でしかないはずです。2次元あるいは3次元の世界から見たときに線が曲がっていたとしても，1次元生物はそれを見ることはできないのです。

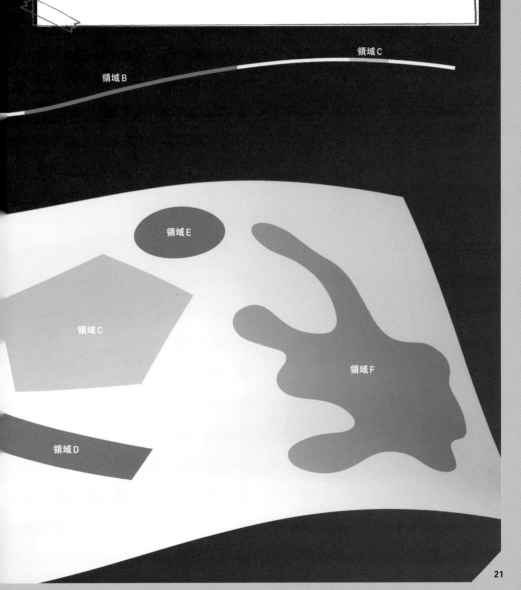

領域B

領域C

領域E

領域C

領域F

領域D

ジグソーパズルは2次元だからおもしろい

2次元は1次元よりも複雑な性質をもつ

1次元のジグソーパズル

2次元のジグソーパズル

ジグソーパズルで次元の性質を考えてみましょう。まず，1次元ジグソーパズルはどのようなものになるか，考えてみます。

1次元は「線」です。そのため1次元ジグソーパズルは，1本の線をさまざまな長さに切り分け，それらをかきまぜてから，もう一度1本の線へとつなぎ合わせるパズルになります。しかし，切り分けられたピースの両端はすべて「点」ですから，どのピースどうしでもつなげることができてしまいます。

つまり，ジグソーパズルがおもしろいのは，それが2次元であるからです。2次元がもつ「形」に注目して，ピースの組み合わせの試行錯誤を重ねるからおもしろいのです。

このように2次元は，1次元にくらべて複雑な性質をもちます。これはすなわち，2次元は1次元よりも多くの情報をもっているということです。

どのピースをどのような順序で
つないでも完成します※。

※:「ロープの表面の模様」や「ロ
ープの断面の凹凸」などをもと
どおりにするのであれば，パ
ズルとして成立します。しか
しそれは1次元ではなく，ロープ
がもつ2次元や3次元の形を
利用したパズルになってしま
います。

1次元バーコード

下の2次元コードには，科学雑誌Newtonのホームペー
ジアドレス（http://www.newtonpress.co.jp/）が埋めこ
まれており，携帯電話のカメラで読み取ることができます。

2次元コード

バーコードは，水平方向に並ぶ白黒パターンに，
数字や文字などの情報を埋めこんだものです。これ
に対して「2次元コード」は，水平方向だけで
なく垂直方向にも情報を埋めこませてあります。
そのため，2次元コードは，1次元バーコードの数
十〜数百倍の情報量をあつかうことができるの
です。

各ピースの形に注目して組み立てないと完成しません。

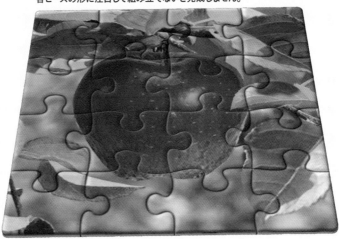

3次元では,体積をもつ『立体』が登場!

2次元では許されない特徴とは

2次元の世界,すなわち面には,三角形や円など,面積をもつさまざまな図形が存在できます。一方,3次元空間に登場するのは,体積をもつ「立体」です。

立体にも,直方体,球,三角錐,円錐,正四面体など,さまざまな形があります。さらに立体は,**「貫通した穴（筒）をもつ」という3次元でのみ許される特徴をもつことができます。**たとえば,ドーナツ形や,取っ手（指を通す部分）のついたコーヒーカップなどです。

一方,2次元の世界では,貫通した穴をもつ図形は存在できません。たとえば,1個の正方形の上辺から下に穴を掘っていくと「凹」の字になります。その穴を下辺へと貫通させたとたんに,もはや1個の図形ではなく,2個の長方形に分割されてしまうのです。

3次元空間は,それよりも低次元を含むことができる

3次元空間には,立体だけでなく,2次元の面や,1次元の線や,0次元の点も存在できます。同じように2次元の平面には,線や点が存在できます。

このように,ある次元の数をもつ空間は,それよりも低次元の空間を内部に含むことができるのです。

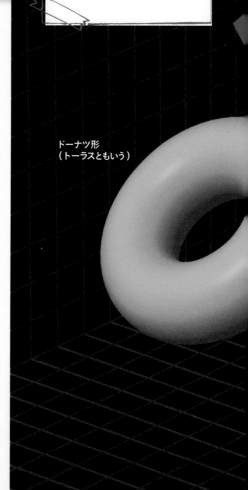

ドーナツ形
（トーラスともいう）

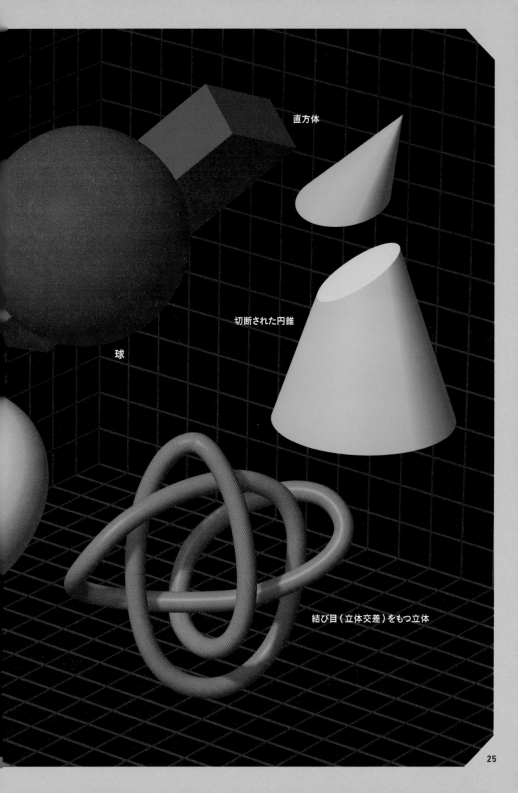

直方体

切断された円錐

球

結び目（立体交差）をもつ立体

2次元空間では，ヒトの体は真っ二つ？

この世界は3次元の性質に支えられている

3次元のヒト

消化管をつくることができる

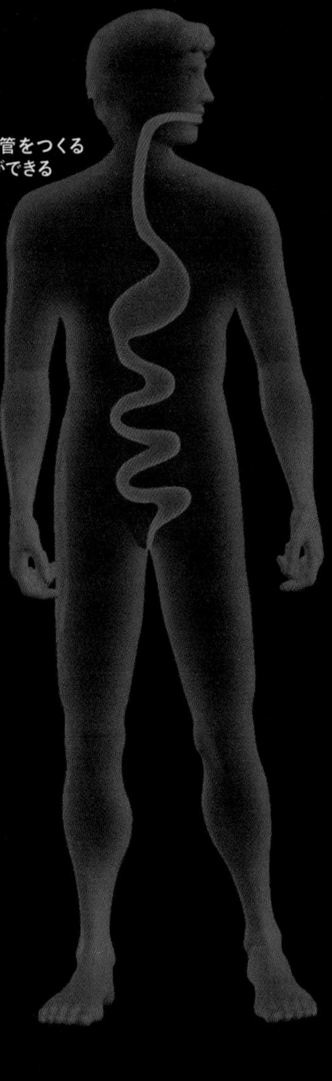

　　　私たち人間の体は，「貫通した穴をもつ立体」です。貫通した穴とはもちろん，口から肛門へとつづく消化管のことです。

　消化管は，3次元では許されますが，2次元では許されない構造です。なぜなら2次元では，体を貫通させるように穴を開けると，それによって体全体が二つに分断されてしまうからです。

　受精卵から赤ちゃんの体がつくられる過程を「発生」といいます。ヒトの発生過程でおきる重要な出来事は，多数の細胞からなるかたまり（胚）の内部に消化管のもととなる空洞ができ，その両端が体の外にまで貫通して，それぞれ口と肛門がつくられることです。ですが，もし2次元の世界なら，消化管が貫通した時点でヒトの体は真っ二つに分かれてしまうことになります。

　このように，ヒトの誕生は，3次元の世界がもつ性質に支えられているといえます。

2次元のヒト

消化管をつくることができない（消化管によって体が分断される）

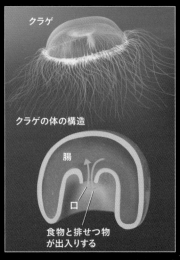

クラゲ

クラゲの体の構造

腸

口

食物と排せつ物が出入りする

2次元のクラゲ

クラゲなら2次元世界でも存在できる？

クラゲのような生き物は，一つの穴が口と肛門をかねています。消化管が貫通していないこのような生物であれば，2次元の世界でも体が二つに分断されることがないので，1個体として存在することができるでしょう。

3次元立体の影は 2次元の図形で映る

高い次元の形は，
低い次元でどう見えるだろう

立方体が落とす影

下の三つの図では真上から光を当てたところをえがいています。もともと
は同じ立方体ですが，その傾きによって，落ちる影はひし形（左），長方
形（中央），六角形（右）などさまざまな形となります。

3 次元の立体に光を当てると，2次元の面の上に影ができます。この影の形は，もとの立体の形によって決まります。

　光を当てる方向や，立体と光源と面との位置関係によって，たとえば球であれば影は円や楕円になり，立方体であればひし形や長方形，六角形などになります。**平面に落ちる立体の影は，もとの立体を，一方向から見た形の情報なのです**（下の図）。

　では，2次元の図形が1次元の直線に影を落とす場合を考えてみましょう。この場合，もとの図形がどのような形であっても，直線に落ちる影のちがいは「長さ」だけになってしまいます。長さの情報だけから，もとの図形を知ることはできません。

　つまり，高い次元の立体や図形が低い次元に落とす影は，もとの立体や図形の一部の情報なのです。このことは，"4次元の空間"を考えるときのヒントになります。

影が円になる立体

影が円だからといって，もとの立体が球体とは限りません。円柱（左）や円錐（右）など，円形の影を落とす立体はさまざまなものがありえます。

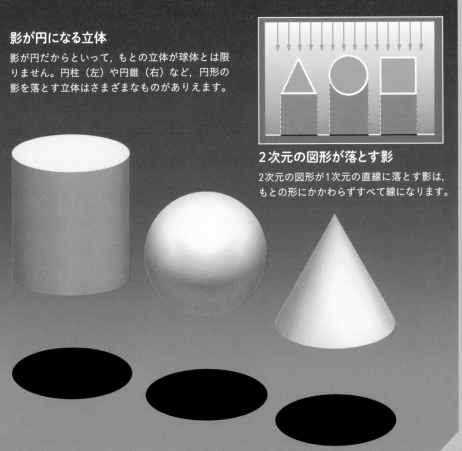

2次元の図形が落とす影

2次元の図形が1次元の直線に落とす影は，もとの形にかかわらずすべて線になります。

脳は2次元のスクリーンから 3次元の像をつくる

私たちが見ている世界は ほんとうに3次元?

影は立体の"横顔"しか伝えない

影が円にも三角形にも正方形にもなる立体です。物体の影を映しだす射影は，物体がもつ情報のうち，より低次元に属する一部の情報だけを切り取ります。

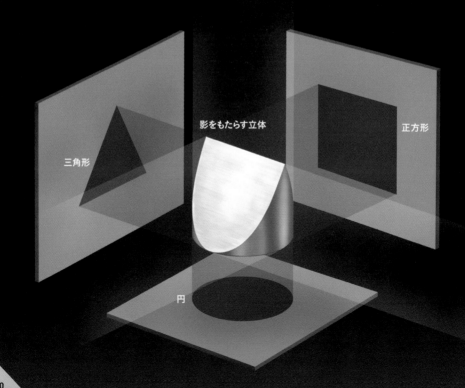

三角形

影をもたらす立体

正方形

円

影は，立体を一方向から映したときの姿しか伝えません（前ページ）。ある方向から光を当てると影が円になり，別の方向からは正方形になり，また別の方向からは三角形になる，という立体図形すら存在します（左下の図）。

　物体の影を映しだすことを「射影」といいます。**射影は，物体がもつ情報のうち，より低次元に属する一部の情報だけを切り取る操作です。**

　実は私たちが物を見るときも，射影と似たことがおきています。眼球の奥にある「網膜」は，外界からの光を受け取る「2次元」のスクリーンです。左右の眼球は，はなれた位置にあるため，各スクリーンに映しだされる2次元像は同じにはなりません。脳は，左右の網膜に映る像の「ずれ」をもとにして，奥行き情報をおぎなっています。

　私たちが見る3次元像とは，脳内で再構成された「間接的な3次元像」にすぎないのです。

私たちが見ている物は，ほんとうに立体か？

眼球の奥にある「網膜」は，外界からの光を受け取る2次元のスクリーンです。私たちが見ている形は，脳が二つの目から得た情報を一つにまとめた「間接的な3次元像」にすぎないのです。

左の網膜像（平面）　　右の網膜像（平面）

脳内で構成された"立体像"

コーヒーブレーク

2次元人の目に映る世界とは?

1 次元の世界に住む人がいたとします。1次元は線ですが、この1次元人には線は見えません。点（0次元）しか見えないはずです。

左側の図が、1次元人の見る世界です。3次元空間に住む私たちには、1、2が直線で、3が曲線であることがわかります。また、2では、黄色の領域の後ろに青色の領域が存在していることがわかります。しかし、縦も横も存在しない1次元人の視

1次元人の見る世界

1次元人には、線を構成している「点」しか見えません。そのため、自分の存在している世界が、1、2、3のどれであろうと、1次元人の視野には、「点」しか映らないのです。

1次元人の視野
（下の図では縦、横をえがいていますが、
実際は縦も横も存在しない「点」です）

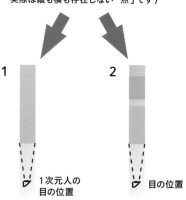

1

2

1次元人の
目の位置

目の位置

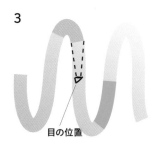

3

目の位置

野には黄色の「点」しか映らない
のです。

　右側に2次元の世界に住む人の
視野を示しました。**2次元は面で
すが，2次元人には線（1次元）し
か見えず，面（2次元）を見ること
はできません。**そのため，形を判
定するのには相当な技術や判断力
が必要です。たとえば，平面を移
動して角をさわって角度を推定す
る，などです。

　**同様に3次元の世界に住む私た
ちは，立体のすべてを同時に見る
ことはできません。**これは，立方
体の表と裏を同時に見ることがで
きないことから理解できます。私
たちは，目から入った情報を脳で
処理して，奥行きや高さや幅をも
った像を構成し，立体的に見てい
るように"思って"いるだけなの
です（30 〜 31 ページ）。

　残念ながら，3次元をまるごと
見る方法はありません。ほんとう
の3次元空間がどう見えるのかは，
4次元空間以上の世界に住む人に
しかわからないのです。

2次元人の視野
（下の図では上下の幅をえがいていますが，
実際は高さの存在しない「線」です。）

1

2次元人の目の位置

2

目の位置

3

目の位置

4

目の位置

5

目の位置

6

目の位置

2次元人には
「形」が見えない

2次元人の視野には
「線分」しか映りませ
ん。下の図のように，
中が塗りこめられてい
るのか（**2**，**4**），枠だけ
の三角形の底辺（**5**）な
のか，ただの線分（**6**）
なのか見分けがつかな
いはずです。

次元はいくらでもふやせる！

低いほうから考えていくと次元は無限にふやすことができる

私たちはふだんから前後・左右・上下に動くことができるので，3次元までは簡単に理解することができます。では，数学者は昔から「次元」をどのように考えてきたのでしょうか。

14〜15ページで紹介したように，次元という概念は，空間や図形の広がりや複雑さを示すものとして，古代ギリシャ時代からすでに知られていたようです。

たとえば，アリストテレスは，著書『天体論』の中で，「立体は"完全"であり，3次元をこえる次元は存在しない」と論じています。また，ユークリッドによって書かれた『原論』には，立体（3次元）・面（2次元）・線（1次元）・点（0次元）の定義しか出てきません。高い次元（たとえば立体）から低い次元（たとえば面）へと下りるユークリッドの考え方では，立体をこえる4次元は登場しないのです。

この限界を打ち破ったのが，フランスの数学者アンリ・ポアンカレ（1854〜1912）です。ポアンカレはユークリッドの定義を逆手にとって，低い次元から高い次元へと上っていくように次元を定義しなおしました。

・端が0次元（点）になるものを
　1次元（線）とよぶ。
・端が1次元になるものを
　2次元（面）とよぶ。
・端が2次元になるものを
　3次元（立体）とよぶ。
・端が3次元になるものを
　4次元（超立体）とよぶ。

この方法にならえば，好きなだけ多くの次元を定義してあつかうことができます。**こうして，多くの次元をあつかう幾何学は発展しました。**

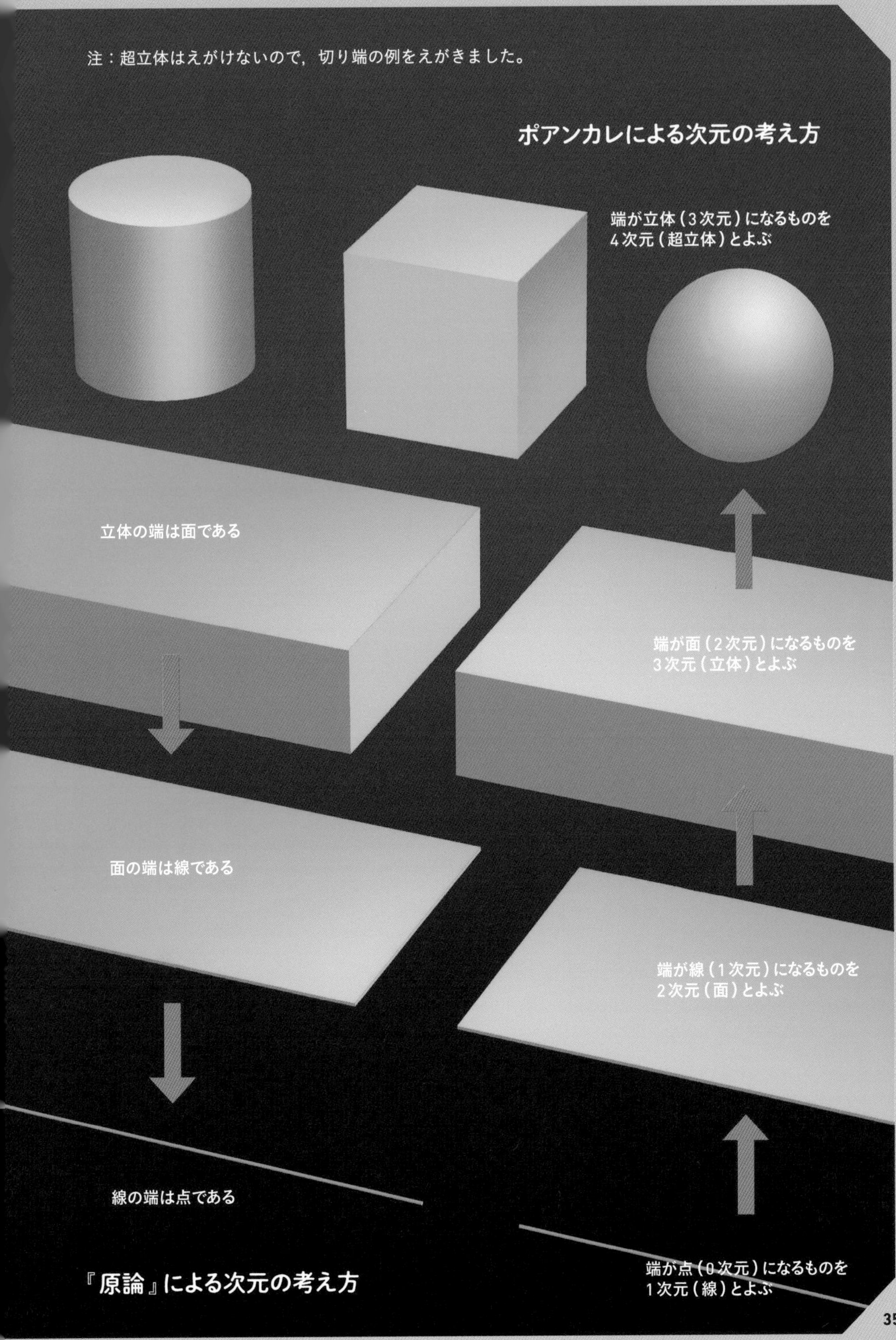

注：超立体はえがけないので，切り端の例をえがきました。

ポアンカレによる次元の考え方

端が立体（3次元）になるものを
4次元（超立体）とよぶ

立体の端は面である

端が面（2次元）になるものを
3次元（立体）とよぶ

面の端は線である

端が線（1次元）になるものを
2次元（面）とよぶ

線の端は点である

『原論』による次元の考え方

端が点（0次元）になるものを
1次元（線）とよぶ

4次元が示す方向とは？

"縦・横・高さ"で3次元ならば……。

テレビ画面は通常，平面の世界です。たとえば右の図の画面上にある富士山山頂の位置をあらわす場合，横方向に x 軸，それと垂直な方向に y 軸を置くと，それらが交わった点（原点）から右に50センチメートル，上に30センチメートルと示すことができます。

このように平面の世界は，点の位置を二つの数で示すことができるため，「2次元空間」とよばれます。「空間」という言葉に違和感があるかもしれませんが，広がりをもつという意味で，数学の世界では「空間」とよびます。

男の人が持っているリモコンの先端の位置を示す場合は，テレビ画面に垂直に手前にのびる方向（ z 軸）を考え，原点から右に50センチメートル，上に30センチメートル，画面から手前に300センチメートルとあらわせます。このように，私たちの住む普通の空間は，点の位置を三つの数の組み合わせで示せるため，「3次元空間」とよびます。

一方，4次元空間とは「点の位置を四つの数の組み合わせで示すことができる空間」ということができます。図中の3本の座標軸は，それぞれが垂直になっています。この座標の原点の上に，この本の紙面に垂直に鉛筆などを立ててみましょう。そうしてあらわれた軸（ここでは w 軸とよびます）は，ほかの3本の軸に垂直に交わっています。この垂直に交わる4本の座標軸を用いた座標が4次元座標です。

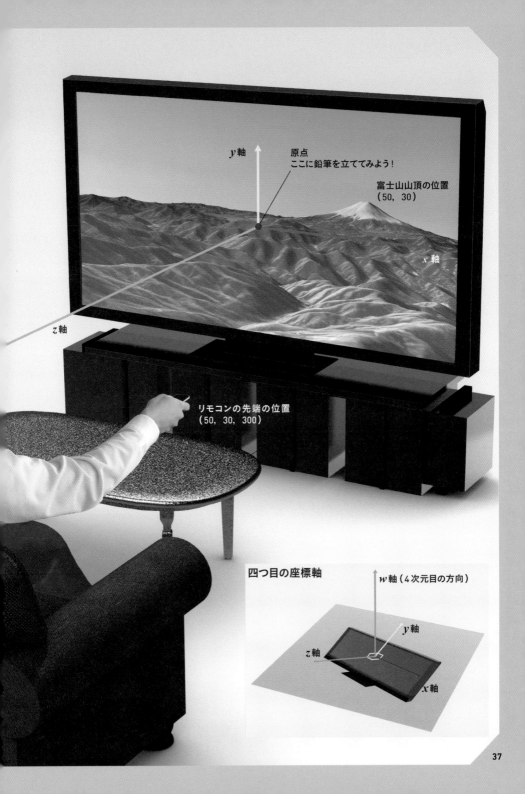

y軸

原点
ここに鉛筆を立ててみよう!

富士山山頂の位置
(50, 30)

x軸

z軸

リモコンの先端の位置
(50, 30, 300)

四つ目の座標軸

w軸（4次元目の方向）

y軸

z軸

x軸

4次元空間に存在する『超立方体』とは

0次元から順に，高い次元の図形をつくってみよう

1. 点を動かすと線分ができる

点（0次元）を動かすと線（1次元）ができ，線（1次元）を動かすと面（2次元）ができます。このように，ある次元の図形を，その次元に含まれない方向へ動かすことで，もとの次元より一つ高い次元の図形をつくることができます（**1〜3**）。このことから，「立方体を動かせば4次元の超立方体ができる（**4**）」と考えられます。

では，4次元空間に存在する「超立方体」とはどのようなものか，考えてみましょう。線分は2個の点によって囲まれています。正方形は4本の線分によって囲まれています。立方体は6枚の正方形によって囲まれています。このことから，**超立方体は8個の立方体によって囲まれていることが推測できます。**

超立方体を，私たちがわかるように，3次元空間に射影してえがくとどう見えるのかを，図**4'**で説明しました。

3. 正方形を動かすと立方体ができる

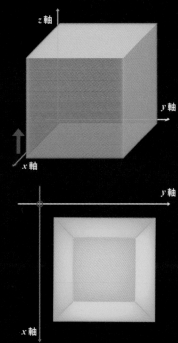

z軸

y軸

x軸

y軸

x軸

3'. z軸方向から見下ろした立方体

普通の立方体（3次元立方体）を真上（**3**のz軸方向）から見下ろすと，小さな正方形のまわりに4個の台形が見えます。実際には小さな正方形は大きな正方形よりも遠くにあり，4個の台形は立方体の側面です。

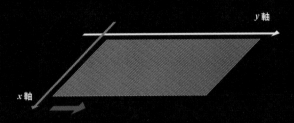

2. 線分を動かすと 正方形ができる

4. 立方体を動かすと 超立方体ができる

立方体を動かす方向は，3次元空間に含まれない方向（ここではその方向をw軸とする）でなければならないため，図は正確ではありません。

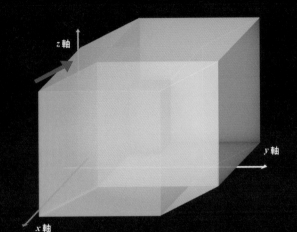

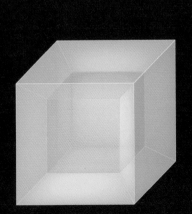

w軸（4次元目の方向）

y軸

z軸　x軸

4次元空間では，x軸，y軸，z軸のすべてに垂直に交わる軸を引くことができます。

4'. 4次元空間の中で，w軸方向から見下ろした超立方体

超立方体をw軸方向から真っすぐ見下ろすと，小さな立方体が大きな立方体に囲まれ，その間に6個の"台形ピラミッド"が見えるはずです。小さな立方体は，実際には大きな立方体よりも遠くにあり，台形ピラミッドは超立方体の"側面"です。大小2個の立方体も6個の台形ピラミッドも，4次元空間の中では同じ大きさの立方体なのです。

超立方体を切り開くと，8個の立体があらわれる

3次元空間では折りたたむことができない奇妙な展開図

前ページでは，超立方体の3次元空間への射影を考えました。ここでは超立方体の展開図を考えてみましょう。

展開図とは，ある次元の物体を一つ下の次元で表現したものだといえます。正方形（2次元）を切り開くと，1本の線分（1次元）ができます。立方体（3次元）を切り開くと，6個の正方形（2次元）からなる展開図ができあがります。**超立方体（4次元）の場合，その展開図は8個の立方体（3次元）をつないだ立体図形になるはずです。**

これが展開図とは実に奇妙ですが，理屈のうえではこうなります（**B-1**）。4次元空間でなければ，この展開図を組み上げて超立方体をつくることはできません。いったい4次元空間ではどのように組み上がるのか，正確な説明ではありませんが，右の図で考えてみましょう。

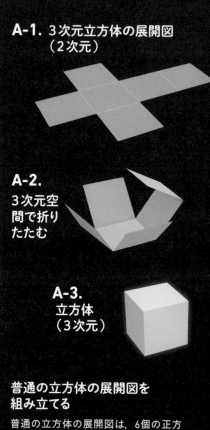

A-1. 3次元立方体の展開図（2次元）

A-2. 3次元空間で折りたたむ

A-3. 立方体（3次元）

普通の立方体の展開図を組み立てる

普通の立方体の展開図は，6個の正方形をつなぎ合わせた形をしています（A-1）。これを，図の白線のところで折り曲げると（A-2），立方体になります（A-3）。

B-1. 4次元超立方体の展開図
（3次元）

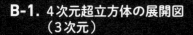

B-2. 4次元空間で折りたたむ

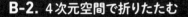

ピンクの立方体を中心に，周囲の6個の立方体を変形して台形ピラミッドをつくっていきます。この部分は，39ページで考えた超立方体の射影と同じになります。最後に右端の余った1個の立方体を，全体にかぶせるように折りたたむと，超立方体が組み上がります。

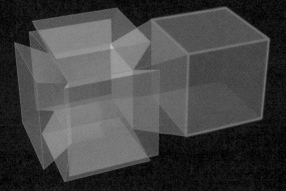

B-3. 4次元超立方体
（4次元）

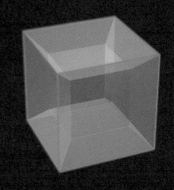

8個目の立方体はどうして必要なの？

超立方体は，見た目には1個の真四角の立方体と，6個の台形の立方体でできあがっています。ここで38ページ**3'**の図を思いだしましょう。中央の正方形1個と4個の台形でできています。しかし実際には，外を囲んでいる正方形の面もあるため，展開図は正方形が6個必要です。

超立方体の図でも，全体を囲むように見える"外枠"が，1個の立方体になってなくてはなりません。その外枠にあたるのが，展開図の余った右端の立方体なのです。

4次元の物体は，私たちにどう見える？

超立方体が目の前を通りすぎたとしたら

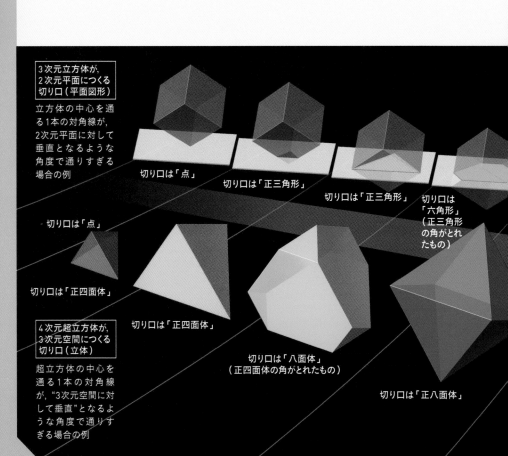

3次元立方体が，2次元平面につくる切り口（平面図形）

立方体の中心を通る1本の対角線が，2次元平面に対して垂直となるような角度で通りすぎる場合の例

切り口は「点」

切り口は「正三角形」

切り口は「正三角形」

切り口は「六角形」（正三角形の角がとれたもの）

切り口は「点」

切り口は「正四面体」

4次元超立方体が，3次元空間につくる切り口（立体）

超立方体の中心を通る1本の対角線が，"3次元空間に対して垂直"となるような角度で通りすぎる場合の例

切り口は「正四面体」

切り口は「八面体」（正四面体の角がとれたもの）

切り口は「正八面体」

4 次元超立方体が，もし私たちが住む3次元空間にあらわれたら，いったいどのように見えるのでしょうか。

まずは，3次元の立方体が2次元平面を通りすぎていくときのことを考えてみましょう。私たちにとっては，一つの立方体が通りすぎる場面であることが理解できますが，2次元住人には切り口である「面」しかわかりません。そのため，図の上段のように立方体が通りすぎるとき，突然点があらわれ，それが成長し正三角形となり，六角形→正六角形→六角形→正三角形と変形していき，最後に消滅するようすが映しだされるでしょう。

同じように，**4次元超立方体が3次元空間を通りすぎていくときは，3次元の立体が切り口としてあらわれます。**

4次元空間をあつかう幾何学によれば，4次元超立方体がある角度で3次元空間を通りすぎていくとき，その切り口は「点→正四面体→八面体→正八面体→八面体→正四面体→点」と変化していくといいます（図の下段）。

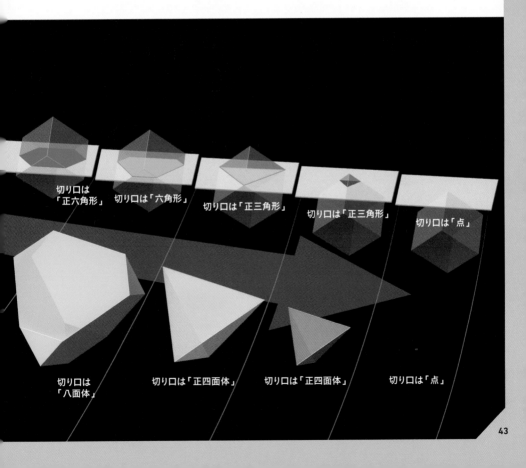

切り口は「正六角形」

切り口は「六角形」

切り口は「正三角形」

切り口は「正三角形」

切り口は「点」

切り口は「八面体」

切り口は「正四面体」

切り口は「正四面体」

切り口は「点」

2次元の『d』は, 3次元では『b』に変換できる

低次元ではできないことが, 高次元ではできてしまう

数学上では, 4次元空間や, さらに多くの次元をもつ空間を自由に想定することができます。では, 現実の空間が4次元空間だとしたら, いったいどんなことがおきるでしょうか。

まず2次元平面と3次元空間とで考えてみましょう。2次元平面にぴたりとはりついた"d"の文字板があったとします。その"d"の文字板を, 2次元上で180度回転させると"p"になります (図の下側)。では"d"を"b"にすることはできるでしょうか。

"d"を2次元上でいくら回転させても"b"にすることはできませんが, 3次元を利用すれば実現できます。2次元から"d"をひきはがして高さ方向に持ち上げ, 180度回転させればいいのです。このように, もう一つ上の別の次元を利用するのです。

このことを, 次のページではもう1次元上げて考えてみましょう。

3次元空間で文字を裏返すと……

dの文字を2次元平面上でいくら回転させてもbにはなりません。しかし，2次元からひきはがし，3次元空間を使って裏返せばbになります。

3次元空間で裏返せば，
dをbにかえることができます。

2次元平面上で回転させても，
dをbにかえることはできません。

2次元平面上で回転させて
dをpにすることはできます。

4次元の空間で おきる不思議な現象

鏡をヒントに考えてみよう

細胞の中ではDNA
（デオキシリボ核酸）
のらせん構造は右巻き

もとの像
（右手で弓を
引いています）

鏡の中のあなたは，右手は左手となり，顔の右側にあるほくろは左側に映っているでしょう。そのため，鏡の中の自分がもし3次元の世界に出てきたとしても，決して自分と重なり合うことはできません。

しかし，もし4次元空間を移動できるとしたら，鏡の中の自分とまったく同じ姿になることができるはずです。4次元空間へとつまみ上げ，そこで回転させると，右手は左手となり，右にあったほくろは左へ移るのです。

左右の反転は，体内のアミノ酸やブドウ糖といった小さな分子でもおきます。これらの分子構造には「左手型」と「右手型」の2種類があり，たがいに鏡映しの関係にあります。地球上の生物の体内にあるアミノ酸はほとんど左手型であり，ブドウ糖は右手型です。

4次元空間では，この分子たちがすべて左右反転してしまうことになります。

4次元空間で 立体を裏返すと

左右非対称の立体を，3次元空間の中でいくら回転させても，左右は反転しません。しかし，4次元空間の中で回転させれば，左右を入れかえることができます。

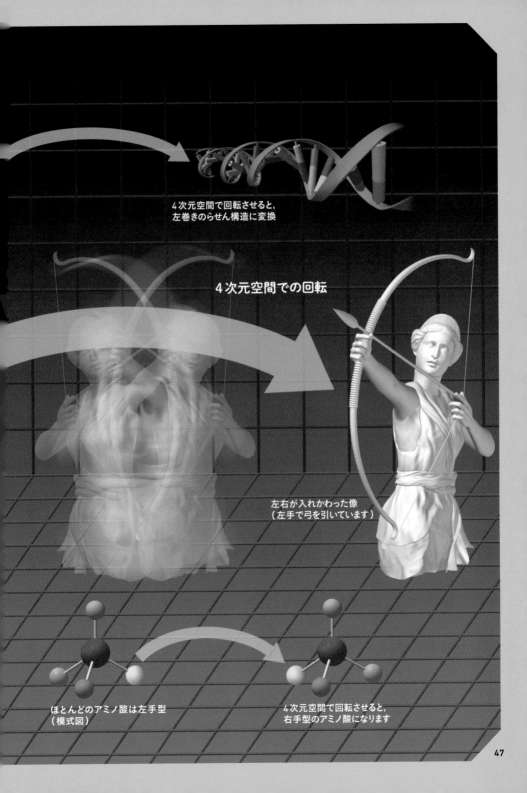

4次元空間で回転させると,
左巻きのらせん構造に変換

4次元空間での回転

左右が入れかわった像
（左手で弓を引いています）

ほとんどのアミノ酸は左手型
（模式図）

4次元空間で回転させると,
右手型のアミノ酸になります

コーヒーブレーク

次元を使って
ウサギを脱出させよう

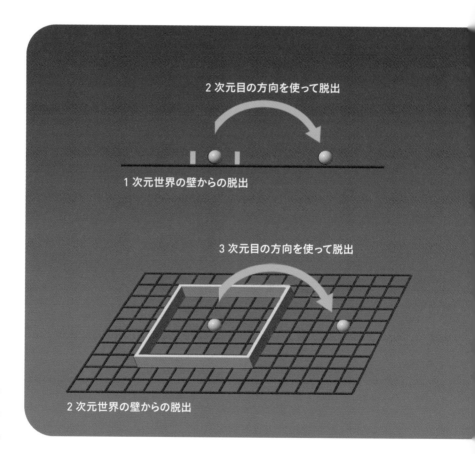

2次元目の方向を使って脱出

1次元世界の壁からの脱出

3次元目の方向を使って脱出

2次元世界の壁からの脱出

ここで, 4次元空間の不思議さを紹介しましょう。

2次元の平面上に住む"2次元人"がいるとします。この2次元人の四方を壁でふさげば, 2次元人は閉じこめられます。しかし, 3次元空間に住む"3次元人"なら, 壁の上から脱出できます。

これと同様に, 3次元空間の中で檻に閉じこめられても, 4次元空間に住む"4次元人"なら, 4次元目の方向を使って檻から脱出できるでしょう。その4次元目がどの方向かは, 3次元人の私たちには決して知ることができません。

このように, 4次元空間は, 私たちの理解をこえた世界なのだといえるでしょう。

4次元空間を使った脱出

1次元の世界で閉じこめられても, 2次元目の方向を使えば脱出できます（左上）。2次元の世界で閉じこめられても, 3次元目の方向を使えば脱出できます（左下）。したがって, 3次元の世界で閉じこめられても, 「4次元目」の方向を使えば脱出できるはずです。

「4次元目」の方向を使って脱出

3次元世界の檻からの脱出

2

時間と次元の 不思議な関係

20世紀初頭にアインシュタインが発表した「相対性理論」は，空間や時間のしくみを解き明かす理論です。それによると，空間と時間は一体のものとみなされ，時間も次元の一つとする考え方が生まれました。2章では，時間と次元の関係をさぐります。

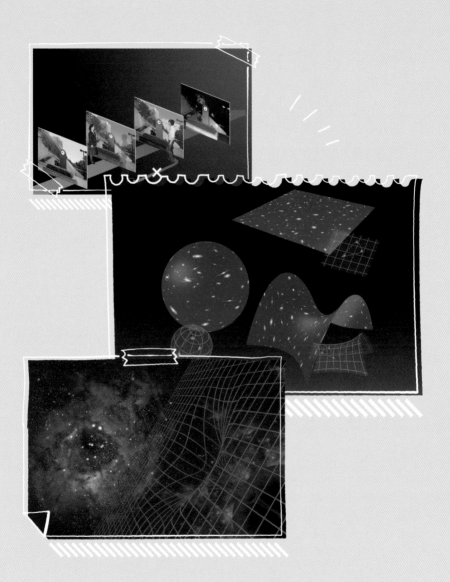

『空間』だけでは
物事を決められない

待ち合わせ場所で会えなかった
AさんとBさん

午前9時の待ち合わせ場所

正午に待ち合わせ場所に来たAさん

正午の待ち合わせ場所

Aさんはすでにいない

私たちが暮らす空間では，1点の位置を決めるのに必要な数値は3個で十分です（36〜37ページ）。しかし，「この世界は3次元である」と決めつけてしまってよいのでしょうか。

　こんな例を考えてみます。Aさんは，Bさんと明日会う約束をしました。ところが翌日，二人は会うことができませんでした。なぜなら，待ち合わせの場所は決めても，「時刻」を決めていなかったからです。この

ように，ある物事を特定するためには，場所だけでなく，時刻が必要です。つまり，**時刻を目盛りとしてもつ「時間」軸は，3次元空間につづく「第4の次元」とみなせるのです。**

　とはいえ，時間の性質は，空間とは大きくことなります。たとえば，空間は3次元ですが，時間は過去から未来へと向かう一本道であるため，1次元しかありません。また，空間は自由に行き来できますが，時間は自由に行き来できません。

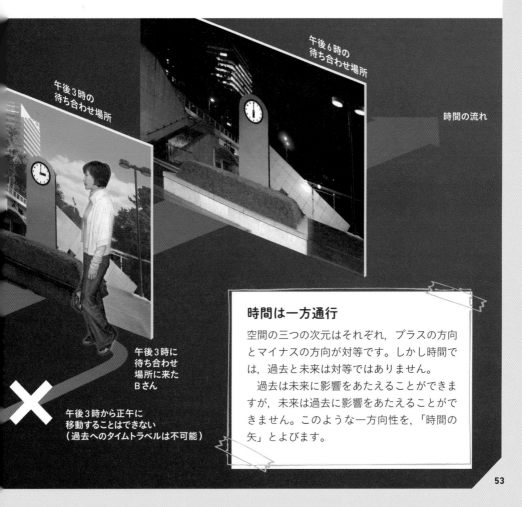

午後6時の
待ち合わせ場所

時間の流れ

午後3時の
待ち合わせ場所

午後3時に
待ち合わせ
場所に来た
Bさん

午後3時から正午に
移動することはできない
（過去へのタイムトラベルは不可能）

時間は一方通行

空間の三つの次元はそれぞれ，プラスの方向とマイナスの方向が対等です。しかし時間では，過去と未来は対等ではありません。

　過去は未来に影響をあたえることができますが，未来は過去に影響をあたえることができません。このような一方向性を，「時間の矢」とよびます。

砂時計で, 時間について考えてみる

いつでもどこでも時間は流れているのか

た とえば, この宇宙に砂時計だけが存在し, その砂がすべて落ちきってしまったとしたら, そこに時間が流れているといえるでしょうか?

アリストテレスは, 著書『自然学』で「時間とは『運動(変化を含む)の数』である。運動こそが実在するのであり, 時間は運動を記述する道具にすぎない」と論じました。それはつまり,「砂の落ちない砂時計では時間が流れていない」といえます。

一方, イギリスの物理学者アイザック・ニュートン(1642 〜 1727)は**「物体などの運動の有無に関係なく, この宇宙では一様に時間が流れている」**と考えました。このような考えを「絶対時間」とよび,「砂の落ちない砂時計でも時間は流れている」といえます。

ニュートンは万有引力の法則や運動の法則を見いだし, ニュートン力学を確立させました。

砂が落ちていく砂時計　砂の落ちきった砂時計

「時間」とは何か?

アリストテレス流にいえば, 砂が落ちている途中の砂時計(左)では時間が流れていますが, 砂が落ちきった砂時計(右)では時間が流れていないといえます。一方, ニュートン流には, 左右どちらの砂時計でも時間は流れているといえます。

宇宙で絶対的なものは，光の速さだけ

ニュートンの考え方を捨てたアインシュタイン

待ち合わせには場所と時刻が必要です（52〜53ページ）。しかし，「AさんとBさんでは，時間の流れるテンポが一致しない」場合はどうなるのでしょうか。たとえ二人が待ち合わせ時間を決めたとしても，うまく会えるかどうか，にわかにあやしくなります。

19世紀までの物理学者なら，「そんな事態がおきるはずはない」と片づけるでしょう。空間や時間が立場によって食いちがうことなどありえない，というのが物理学の常識だったからです。

ところが1905年，その常識をくつがえす革命的な理論が登場しました。それが，ドイツ生まれの物理学者アルバート・アインシュタイン（1879〜1955）の「特殊相対性理論」です。

光の速さについて深く考えをめぐらせたアインシュタインは，「光の速さは，だれからみてもつねに一定にちがいない」と考えました。そして，「空間や時間は絶対的である」というニュートンの考え方を捨て，「この宇宙で絶対的なものは光の速さだけである」と考えました。このような考えを「光速度不変の原理」とよびます。

光速度不変の原理とは

静止した宇宙船（**1**）から出た光の速さは秒速約30万キロメートルです。では，等速運動をしている宇宙船（**2**と**3**）から光を発射した場合はどうでしょうか。宇宙船の進行方向に出た光はその分，速くなり，進行方向に対して逆方向に出た光は遅くなるように思えます。しかし，実際にはそのような変化はおきず，光の速さはつねに秒速約30万キロメートルなのです。

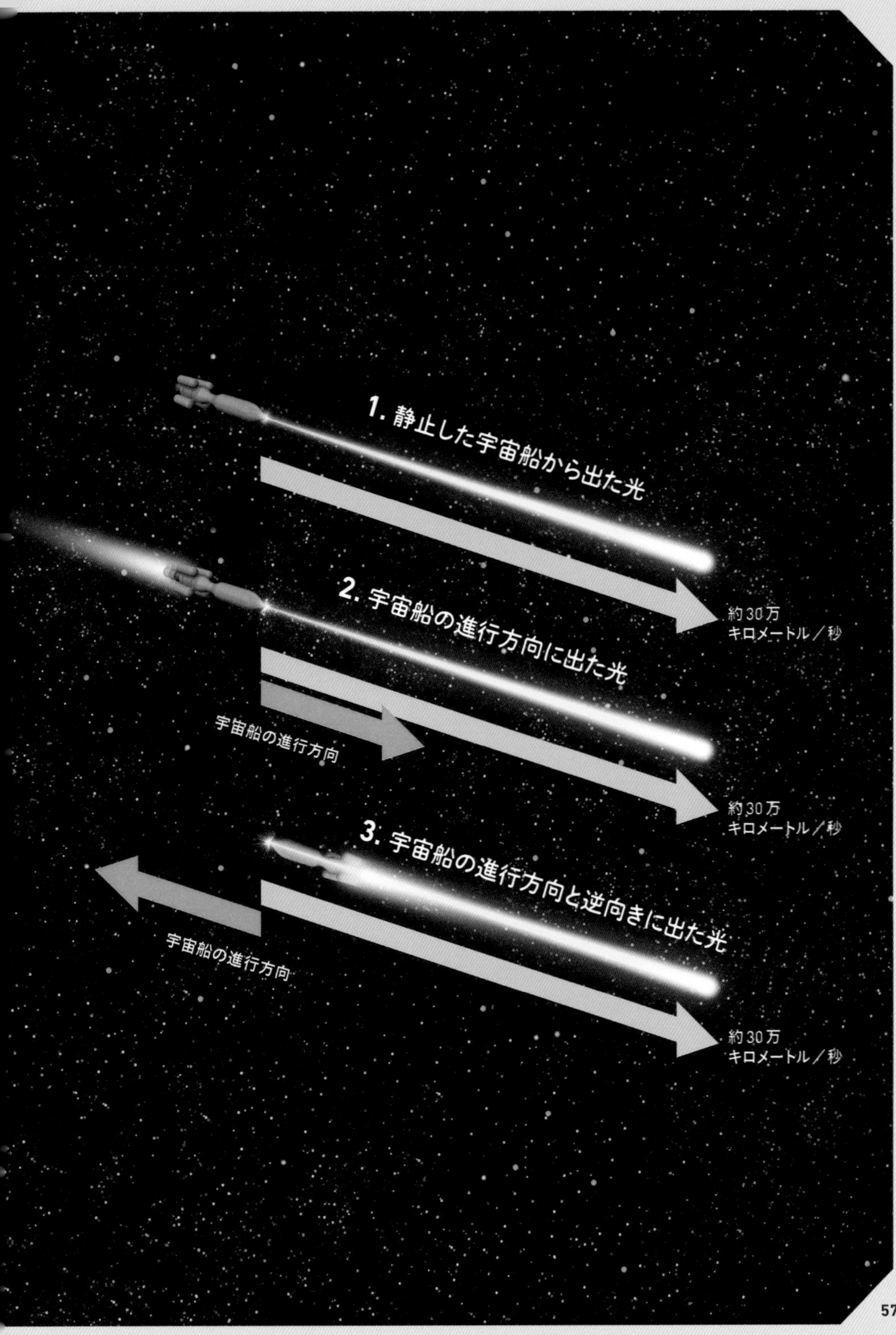

1. 静止した宇宙船から出た光

約30万
キロメートル／秒

2. 宇宙船の進行方向に出た光

宇宙船の進行方向

約30万
キロメートル／秒

3. 宇宙船の進行方向と逆向きに出た光

宇宙船の進行方向

約30万
キロメートル／秒

空間や時間は，切りはなせない関係

立場によって，空間と時間はのびちぢみする

「光速度不変の原理」の考えをさらにおし進めたアインシュタインは，おどろくべき結論に達しました。それは，「立場によって，空間や時間は，のびたりちぢんだりする」というものです。

　速度を計算するには，距離（空間）とかかった時間が必要です。空間と時間が変化しないのであれば，宇宙船の運動などによって光速も変化するでしょう。しかし**アインシュタインは光速を絶対的なものとし，空間や時間の尺度のほうが変化すると考えたのです。**

　この理論によれば，時間の食いちがいが実際に生じることになります。時間がのびちぢみするときには，必ず空間もいっしょにのびちぢみします。つまり空間と時間は，切っても切りはなせない関係にあるのです。

　時間と空間が切りはなせないこ

光の速度は変わらない

速度を計算するには距離（空間）と，かかった時間が必要です。

速度＝距離（空間）÷時間

　アインシュタインは「光速度不変の原理」で光速を絶対的なものとし，空間や時間がのびたりちぢんだりすると考えたのです。

とを最初に指摘したのは，ドイツの数学者ヘルマン・ミンコフスキー（1864 〜 1909）でした。彼は，**この宇宙がもつ3次元空間と1次元の時間を一体のものとみなして「4次元時空」とよびました。**

「時間が遅れる」とはどういうこと？

　静止している宇宙飛行士（**B**）が，高速で運動する宇宙船の中の人（**A**）の時計を見ていると仮定します。**A**も**B**も，下の面から出た光が上の面に届いたときに1秒になる光時計を持っていたとします。

　Bから見ると，**A**の時計の下から出た光が上面に届くまでの間に宇宙船は左から右に移動します。そのため**B**から見たとき，**A**の時計の下面から出た光は斜め上に進み，光の進む距離が**B**の時計にくらべて長くなってしまうことになります。

　Bの時計で1秒が経過したとき，**A**の時計ではまだ1秒たっていないように見えます。つまり，宇宙船に乗っている**A**は，静止している**B**にくらべて時間が遅く進むといえるのです。

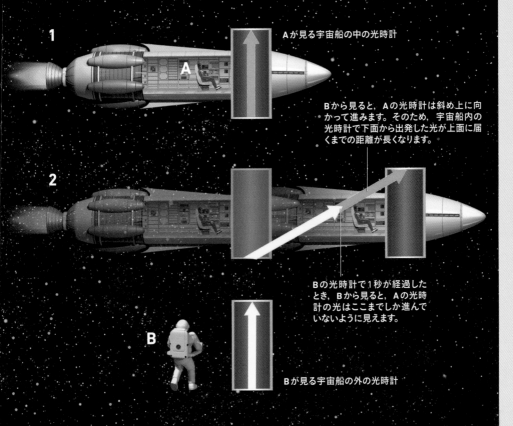

1

Aが見る宇宙船の中の光時計

Bから見ると，Aの光時計は斜め上に向かって進みます。そのため，宇宙船内の光時計で下面から出発した光が上面に届くまでの距離が長くなります。

2

Bの光時計で1秒が経過したとき，Bから見ると，Aの光時計の光はここまでしか進んでいないように見えます。

B

Bが見る宇宙船の外の光時計

時間と空間を
図にあらわしてみると？

空間と時間を合わせた4次元時空とは

時空を図にえがいてみると？

左の図は，3次元の空間に時間軸の1次元をつけ加えて「4次元時空」をあらわした，時空図の一例。右の図は，等速で移動する自動車を時空図の中にえがいたものです。時間を等間隔に刻むと，各平面の間で同じ距離を移動します。そして各平面の自動車を結ぶと，直線になります。

「3次元の空間＋1次元の時間」であらわした図

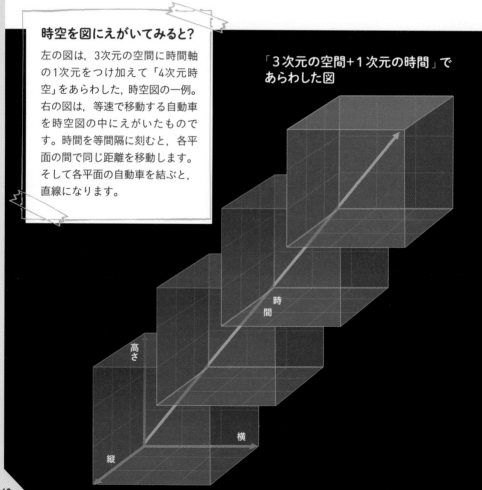

時間

高さ

縦　　横

縦・横・高さ方向をもつ3次元の空間に，時間軸の1次元をつけ加えると，左下の図のようにえがけます。これは4次元時空をあらわした「時空図（時空ダイアグラム）」の一例です。

ただ，時空図をあらわすときには3次元の図としてえがくために，空間から高さ方向の1次元を省略して，2次元の平面で代用することが多くあります。**4次元時空を「3次元時空」としてあらわすのです。**そして，2次元であらわした空間と垂直な方向に，時間軸をあてはめます（下の図）。このとき，「時間の矢」は，下から上に向けます。つまり，下（過去）から上（未来）に向かって時間が流れるように時間軸を設定するのです。

空間の中で物体が止まっている場合，時間が経過しても位置は変化しません。一方，動いている物体はその位置が変化していきます。

「2次元の空間＋1次元の時間」であらわした図（等速で移動する車の場合）

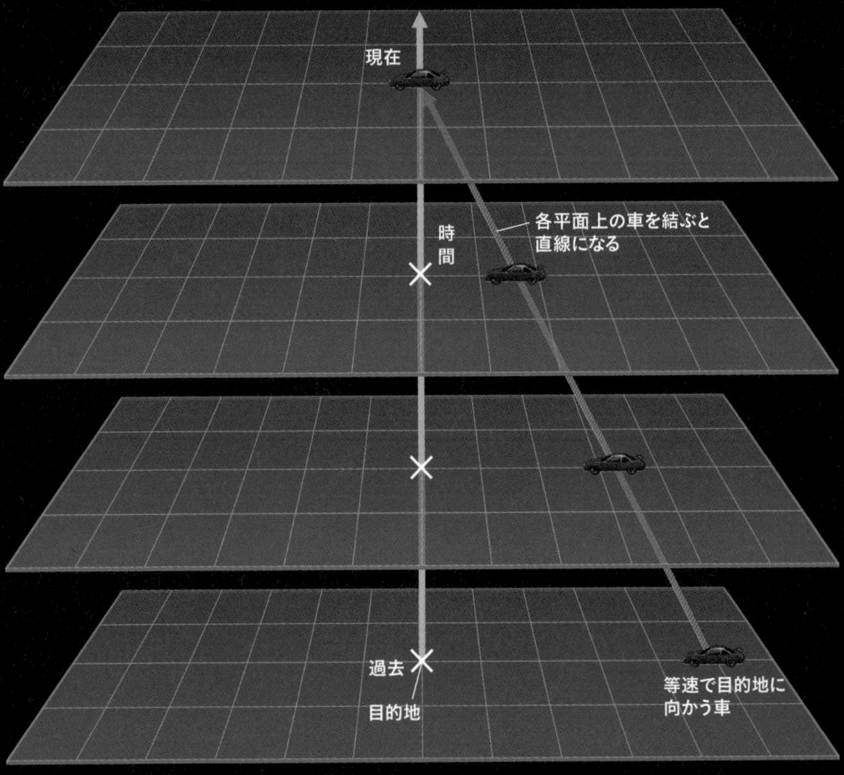

現在

時間

各平面上の車を結ぶと
直線になる

過去
目的地

等速で目的地に
向かう車

時空図でえがいた 太陽と地球の運動

3次元を2次元で あらわすメリットは?

太陽のまわりを公転する地球を図にえがく場合，通常は図1のようになります。中心に太陽があり，地球の軌道は円（実際にはわずかにゆがんだ楕円）です。

これを時空図を使ってえがくと，図2のようになります。太陽を基準にした場合，太陽は動かないのでその軌跡は下から上への直線になります。**空間内で円運動をしている地球の公転運動は，らせんをえがきながら上（未来）へと上っていくようすとしてえがかれるのです。**

なお，時空図のえがき方としては，横方向に1次元の空間，縦方向に時間をとってえがかれることもあります。地球の公転運動をそのようにえがくと，図3のようになります。

このように，「3次元空間を2次元の面で代用する」という手法は，4次元以上の世界を可視化するうえできわめて重要なのです。

1. 通常の図でみる地球の公転

太陽

公転する地球

3. 空間を1次元であらわした 時空図

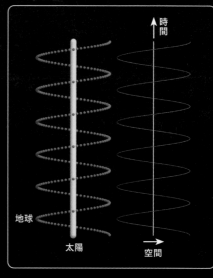

時間

地球

太陽

空間

2.「時空図」でみる地球の公転

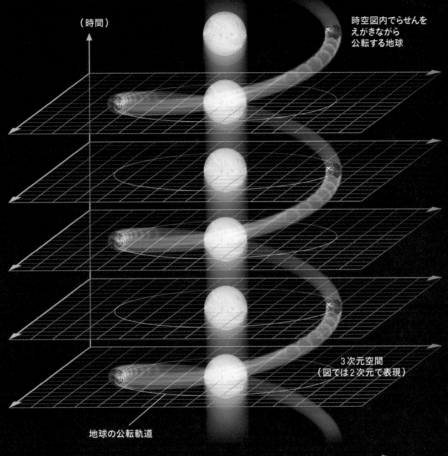

時空図内で垂直に上っていく太陽

（時間）

時空図内でらせんを
えがきながら
公転する地球

3次元空間
（図では2次元で表現）

地球の公転軌道

「時空図」を使って4次元時空をながめる

時空図では，3次元の空間を2次元の面で代用し，2次元であらわした空間と垂直な方向に，時間軸をあてはめます。このとき，「時間の矢」は，下から上に向けます。つまり，下（過去）から上（未来）に向かって時間が流れるように時間軸を設定します。時空図を使うと，地球の公転運動は，らせんをえがきながら上（未来）へと上っていくようすとしてえがかれます。

光の速さは，
時空図でえがくと円錐になる

すべての運動は光速をこえない

特殊相対性理論は，光の速さだけを絶対的な基準とします。ミンコフスキーは，**光の速さを基準にした時空図をえがきました。これを「ミンコフスキー図（ミンコフスキーダイアグラム）」とよびます。**

　ミンコフスキー図では，時間軸の1目盛りが1年なら，空間軸の1目盛りを1光年（光が1年で進む距離）と定めます。このとき，時間軸と空間軸の目盛りの間隔は同じです。

　たとえば宇宙のある天体から発せられた光を考えてみましょう。光速は一定（秒速約30万キロメートル）ですから，光は1秒後には半径約30万キロメートル，2秒後には半径約60万キロメートルの円周上に到達します。これをミンコフスキー図にあてはめていくと，右のようになります。

　光が進む軌跡は，傾き45度の円錐として表現されます。この円錐は，「光円錐」とよばれます。

すべては光円錐の
内側におさまる

　すべての物体の運動は，光速をこえることはありません。また，ある情報が光をこえて伝わることもありません。そのため，「現在（図の原点）に影響をあたえる過去の出来事」と，「現在が影響をあたえる未来の出来事」は，すべて光円錐の内部におさまる，ということになります。

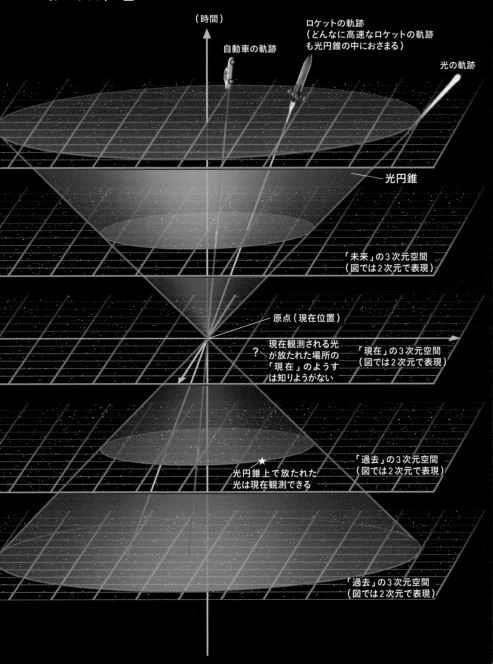

ミンコフスキー図

（時間）

自動車の軌跡

ロケットの軌跡
（どんなに高速なロケットの軌跡
も光円錐の中におさまる）

光の軌跡

光円錐

「未来」の3次元空間
（図では2次元で表現）

原点（現在位置）

？

現在観測される光
が放たれた場所の
「現在」のようす
は知りようがない

「現在」の3次元空間
（図では2次元で表現）

「過去」の3次元空間
（図では2次元で表現）

光円錐上で放たれた
光は現在観測できる

「過去」の3次元空間
（図では2次元で表現）

宇宙船の中では，時間軸と空間軸がゆがむ

宇宙船を，2次元時空でみてみると

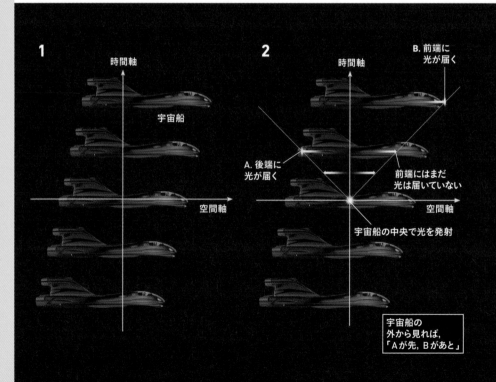

1

時間軸

宇宙船

空間軸

2

時間軸

B. 前端に
光が届く

A. 後端に
光が届く

前端にはまだ
光は届いていない

空間軸

宇宙船の中央で光を発射

宇宙船の
外から見れば，
「Aが先，Bがあと」

宇宙ステーションから見た場合の時空図

等速運動をする宇宙船の中央から光が放たれると，光は
先に後端に届き（**A**），そのあと前端に届きます（**B**）。

光速に近い速さで等速運動する宇宙船を，宇宙空間に静止した宇宙ステーションからながめているとします（**1**）。宇宙船は，時間経過にしたがって右に移動します。

ある時刻に，宇宙船の中央から光が放たれたとき，静止した宇宙ステーションから見ると，光はまず宇宙船の後端に届き（**2-A**），しばらく遅れて前端に届くと考えられます（**2-B**）。

しかし，光速度不変の原理（56ページ）によると，光速はだれにとっても不変です。つまり，宇宙船内にいる観測者が見る光は，宇宙船の前端と後端に同時に到着するはずです。

この現象を時空図であらわすと（**3**），宇宙船がのびているように見えます。このように宇宙船内では，空間軸と時間軸がゆがむのです（**3**の緑の線）。つまり，**宇宙船内での時間や空間の基準（図では座標軸）は，宇宙船の外とはことなるのです**。

これが，特殊相対性理論からみちびかれる結論です。

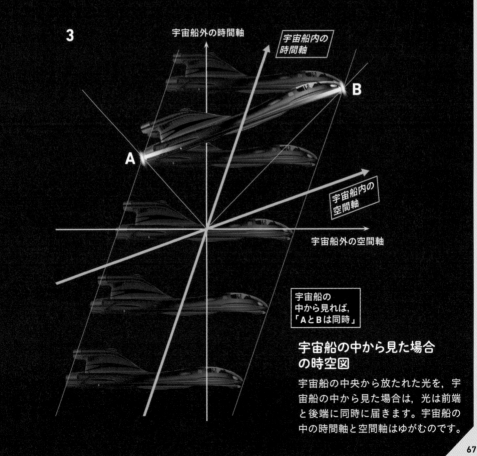

3

宇宙船外の時間軸

宇宙船内の時間軸

B

A

宇宙船内の空間軸

宇宙船外の空間軸

宇宙船の中から見れば，「AとBは同時」

宇宙船の中から見た場合の時空図

宇宙船の中央から放たれた光を，宇宙船の中から見た場合は，光は前端と後端に同時に届きます。宇宙船の中の時間軸と空間軸はゆがむのです。

コーヒーブレーク

もしも時間が2次元だったら……

「空」間は3次元以上あるのに，時間は1次元しかないの？」と疑問に思った人もいるかもしれません。

私たちが目にする世界では，時間が2次元以上あると，とても不都合なことがおきてしまいます。それは，**過去と未来の区別がつかなくなってしまう**，ということです。

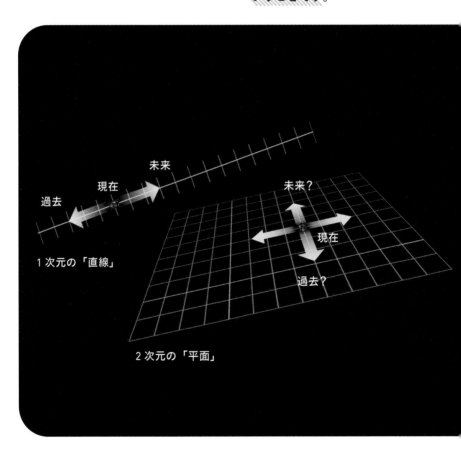

過去　現在　未来

1次元の「直線」

未来?　現在　過去?

2次元の「平面」

時間を1次元の線として，線の中の1点を「現在」とします。すると，それより手前の領域が「過去」，それより先の領域が「未来」になります。このとき，過去の領域と未来の領域は，「現在」という1点を境にして，はっきりと分離していることがわかります。

　では時間が2次元だとすると，どうでしょうか。時間を2次元の面のようなものとして考え，面の中にある1点を「現在」と定めます。現在を示す1点の周囲には，現在以外の時間（過去と未来）が広がっています。そのため，どの領域が過去で，どの領域が未来なのかを明確に区別することはできません。つまり，**2次元以上ある時間の中では，過去と未来が分離されず，まじり合ってしまうのです。**

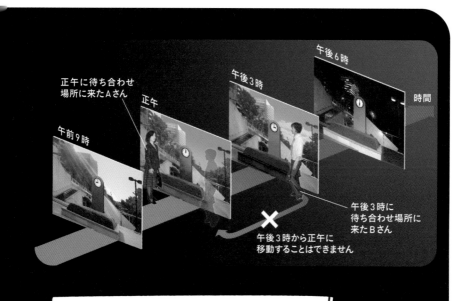

午前9時

正午

正午に待ち合わせ
場所に来たAさん

午後3時

午後6時

時間

午後3時に
待ち合わせ場所に
来たBさん

×
午後3時から正午に
移動することはできません

時間は自由に移動できない

　私たちは空間を自由に移動できますが，時間を自由に移動することはできません。待ち合わせ時刻に遅れたBさんは，もし過去へと移動できればAさんに会えますが，それは不可能です。

重力は,「4次元時空の曲がり」で生じる

万有引力では説明できなかった重力のはたらき

アインシュタインは，自分の発表した特殊相対性理論に満足していませんでした。**特殊相対性理論は，ニュートンのいう万有引力，すなわち「重力」をあつかうことができないからです。**また，特殊相対性理論ではどんな情報も光速をこえて伝わることはないため，「どんなにはなれていても瞬時に伝わる」とされていた万有引力とは矛盾していました。

そこでアインシュタインは，重力をあつかうことのできる「一般相対性理論」を，1915年の暮れに完成させました。

ニュートンの理論では，重力そのものがなぜ生じるのかは説明できませんでした。それに対して**一般相対性理論は，重力をあつかうことができ，なおかつ重力そのものがなぜ生じるのかを，根源的に説明する理論**となったのです（右の図）。

ニュートンの万有引力の法則

ニュートンは，重さ（質量）をもつ物は，すべて万有引力（重力）で引き合うと考えました。そして，はなれていても，万有引力は瞬時に（速度が無限大で）伝わるとされていました。

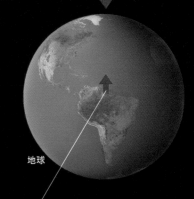

落下するリンゴ

万有引力（重力）で地球に引っぱられる

地球

地球も万有引力（重力）でリンゴに引っぱられるが，地球は重いのでほとんど影響を受けない

一般相対性理論による重力のイメージ

アインシュタインは、「重さ（質量）をもつ物の周囲の時空は曲がっている。その曲がりの影響を受けることで、物体が動く。これが重力の正体だ」と考えました。また、重力は光速（自然界の最高速度）という有限の速度で伝わると考えました。

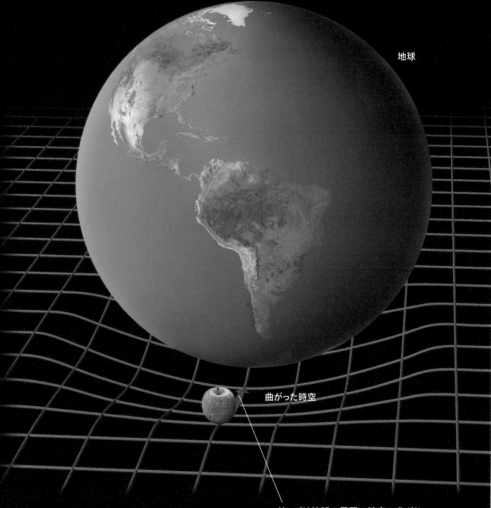

地球

曲がった時空

リンゴは地球の周囲の時空の曲がりの影響を受けて、地球に引き寄せられます。

注：3次元空間の曲がりは絵にすることがむずかしいので、ここでは3次元空間の次元を一つ落として2次元の平面（格子）で空間の曲がりを表現しています。

平面上での幾何学と，球面上での幾何学

一般相対性理論の土台となった幾何学とは？

アインシュタインのいう「時空は曲がっている」（前ページ）とは，どういうことでしょうか。

理解のかぎとなるのが「幾何学」です。幾何学とは，図形や空間の性質を研究する学問をいいます。古代エジプトでは，農民は土地の広さに応じて税金がかけられており，土地を正確に測量する手法が必要でした。そこで発達したのが幾何学です。

そして紀元前300年ごろ，ユークリッドが幾何学についての定理を体系化して『原論』という書物にまとめました（14ページ）。『原論』にしたがう幾何学を「ユークリッド幾何学」といい，現在私たちが小・中学校で学ぶ図形の考え方のベースになっています。

ユークリッド幾何学は2000年以上にわたり，唯一の幾何学とされていました。ところが，なんとユークリッド幾何学以外の幾何学も存在していたのです。たとえば，三角形の内角の和は180度ですが，球面状に三角形をえがくと，内角の和は180度より大きくなったり小さくなったりします。つまり，平面状での幾何学のルールと，球面状の幾何学のルールはちがうのです。

このような**ユークリッド幾何学の範囲をこえた幾何学**を，「**非ユークリッド幾何学**」といい，一般相対性理論の数学的な土台になっています。

曲がった空間の幾何学

ユークリッド幾何学は，平らな空間（上）ではなりたちますが，曲がった空間（左下，右下）では通用しません。曲がった空間でなりたつ幾何学を「非ユークリッド幾何学」といいます。

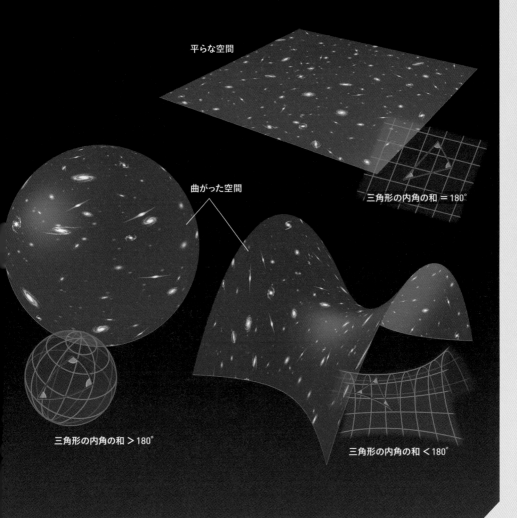

平らな空間

三角形の内角の和 ＝ 180°

曲がった空間

三角形の内角の和 ＞ 180°

三角形の内角の和 ＜ 180°

私たちが実感できない 『空間の曲がり』

平行線が交わる奇妙な世界

で は,非ユークリッド幾何学の世界を具体的にみてみましょう。

平面上での幾何学であるユークリッド幾何学では,平行線は当然交わりません。しかし,非ユークリッド幾何学では,平行にみえた2本の直線が交わってしまうような,一風変わった世界を考えることができるのです。

図を見てください。左側がユークリッド幾何学がなりたつ領域,右側が非ユークリッド幾何学がなりたつ領域です。**右側では「平行だったはずの2本の直線が交わる」「三角形の内角の和が180度以上」「円周は半径の2π倍より短い」といった奇妙なことがおきます。**この不思議な現象を,「高さ」という新たな次元を加えて視覚化したのが下の図です。これを,私たちが住む3次元空間にあてはめたのが,いわゆる「曲がった空間」です。

ただし,非ユークリッド的な領域にいたとしても,私たちは「空間の曲がり」を実感することはできません。

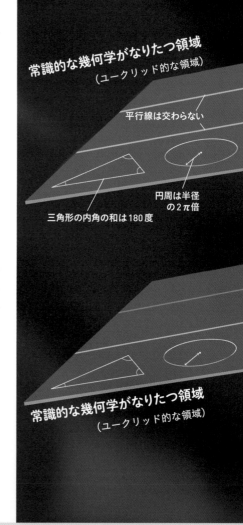

常識的な幾何学がなりたつ領域
（ユークリッド的な領域）

平行線は交わらない

円周は半径の2π倍

三角形の内角の和は180度

常識的な幾何学がなりたつ領域
（ユークリッド的な領域）

空間の曲がりを確かめるには

私たちは空間の曲がり（重力）を実感することはできませんが，「光」を用いて「宇宙規模の平行線」を作図してみれば，空間の曲がりを確かめることができます。光はつねに2点間の最短ルート，すなわち「直線」を進むため，直線の基準として最適だからです。

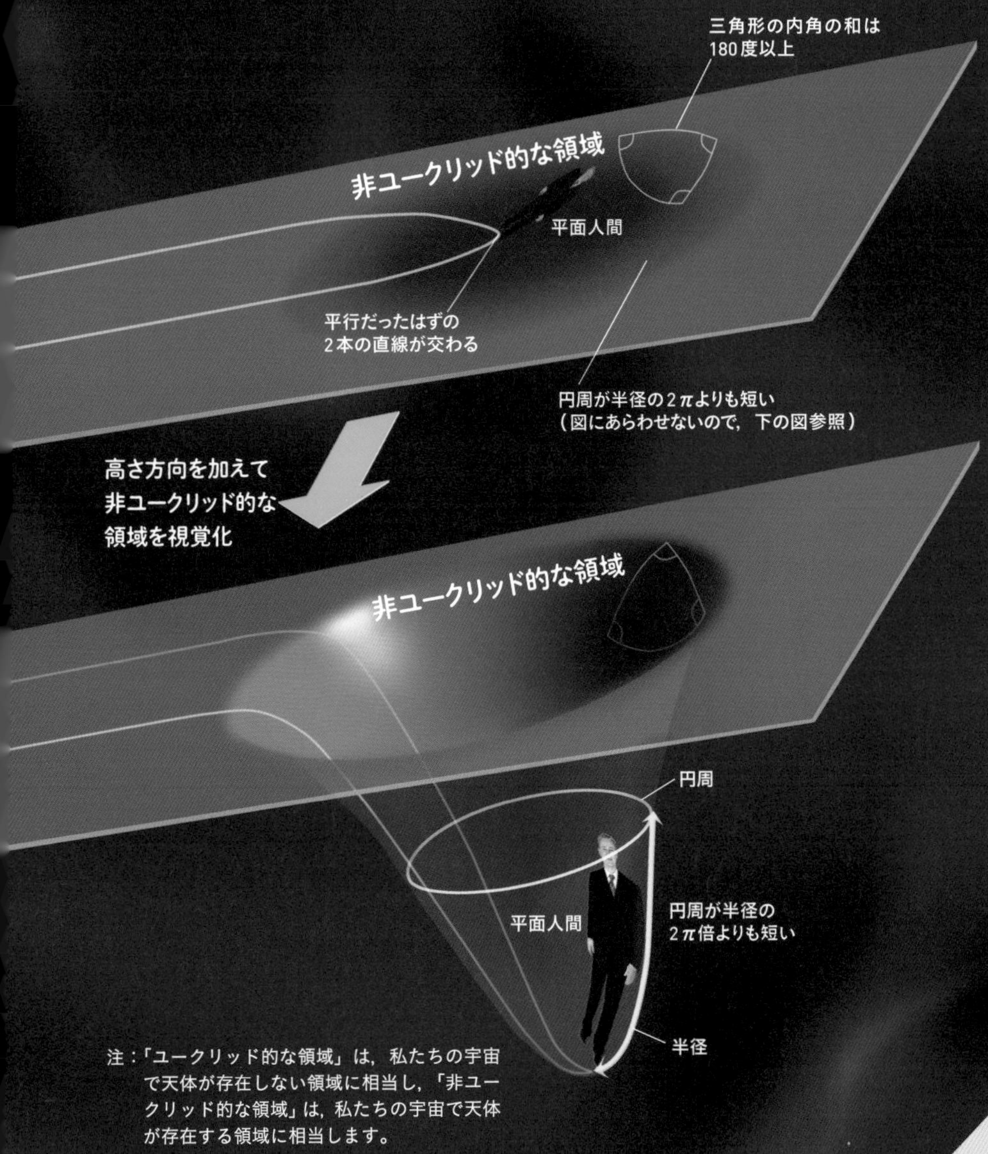

三角形の内角の和は
180度以上

非ユークリッド的な領域

平面人間

平行だったはずの
2本の直線が交わる

円周が半径の2πよりも短い
（図にあらわせないので，下の図参照）

高さ方向を加えて
非ユークリッド的な
領域を視覚化

非ユークリッド的な領域

円周

平面人間

円周が半径の
2π倍よりも短い

半径

注：「ユークリッド的な領域」は，私たちの宇宙で天体が存在しない領域に相当し，「非ユークリッド的な領域」は，私たちの宇宙で天体が存在する領域に相当します。

重い物体ほど，時空が大きく曲がる

地球はなぜ太陽の周囲をまわりつづけられるのか

地球がつくる空間の曲がりにしたがって地球に引き寄せられるリンゴ

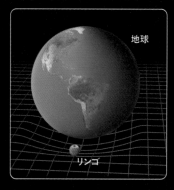

地球

リンゴ

太陽がつくる空間の曲がりに沿ってまわる地球

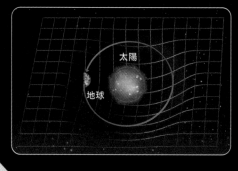

太陽

地球

76

一般相対性理論では「質量をもつ物体によって周囲の時空が曲がることこそが重力の正体」と説明しました（70〜71ページ）。「リンゴの落下」を一般相対性理論で考えると、「リンゴは地球がつくる空間の曲がりにしたがって、坂道を転がるように地球に向かっていく」ことになります。

　宇宙に存在する天体も同様で、質量をもつ天体は、周囲の4次元時空を曲げます。そして、重い天体ほど時空の曲がりは大きくなります。

　たとえば、太陽の周囲は、大きく空間がゆがみます。惑星たちはこの空間の曲がりの影響で太陽のまわりを公転するのです。これは、すり鉢状のくぼみに投げ入れたビー玉が斜面をまわるのに似ています。くぼみをまわるビー玉は摩擦によって勢いを弱め、底に落ちますが、真空中を進む惑星はさえぎるものがないため、太陽の周囲をまわりつづけるのです。

重い天体ほど周囲の時空を大きく曲げる

質量をもつ天体は、周囲の4次元時空を曲げます。重い天体ほど周囲の時空の曲がりは大きくなります。重い恒星※が一生の最期に収縮して、密度が無限大になった"天体"ができると、周囲の時空は極端に曲がります。これがブラックホールです。

　ブラックホールの時空の曲がりは強烈で、光すらもその重力にさからって脱出することができません。

ブラックホールがつくる
時空の曲がり

ブラックホール

※：太陽のようにみずからのエネルギーで光かがやく星のこと。

ブラックホールに近づくと時間が止まる?

　　し宇宙船が，光すらも脱出できないブラックホールに近づいたら，どのような現象がおきるでしょうか。私たちは，遠くからその宇宙船を見ているとします。宇宙船は，光の信号を1秒おきに発信しています。

　ブラックホールに近づけば近づくほど，ブラックホールの引力の影響が大きくなり，宇宙船が発信する光が私たちまで届くのに時間がかかるようになります。そして，**宇宙船がブラックホールへ近づく速度と，宇宙船が発信する光の速度が打ち消し合う地点に到達すると，光は永遠にそこにへばりつくことになります。**

　宇宙船に乗っている人にとっては，あっというまにブラックホールに吸いこまれていくのに，遠くからは，その動きは限りなくゆっくりと見えます。ブラックホールに近づいていくほど時間の流れが遅くなり，ついにはその表面で，時間は凍りついてしまうのです。

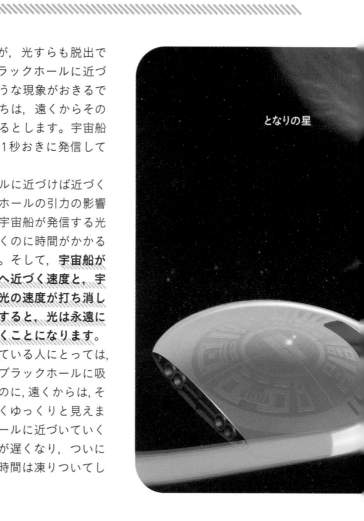

となりの星

ブラックホールの表面で，宇宙船は止まってみえる

　一般相対性理論でも，光の速度は一定です。そのため，遠くの人から見た光の速度がみかけ上，遅くなれば，それは遠くの人にとって時間の流れが遅くなることを意味しています。

　宇宙船（光）が止まっているようにみえるブラックホールの表面では，時間の流れが完全に止まってしまう，ということになるのです。

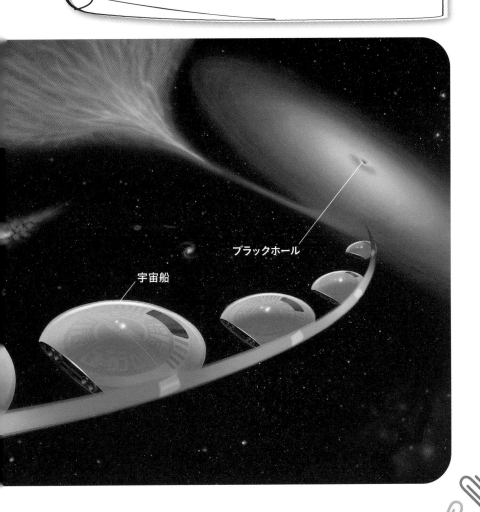

ブラックホール

宇宙船

3

高次元空間を
さがしだそう

物理学の最先端では，「この世界には4次元
をこえる"かくれた次元"があるはずだ！」
と真剣に検証されています。なぜそのよう
な考え方が必要なのでしょうか？　3章で
は，物理学者が考える高次元空間にせまり
ます。

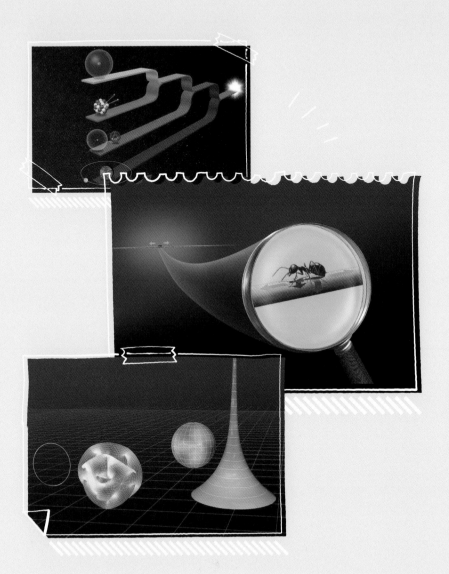

世界が3次元である必要はない！

一般相対性理論は4次元空間でも理論的になりたつ？

空間1

4次元時空
（空間3次元＋時間1次元）

時間1

空間2

空間3

研究者たちが提唱した次元

4次元時空と5次元時空を図であらわしました。次元（空間次元）の数は，1点からのびる矢印の数で表現しています。時間は1次元です。次元の方向（座標軸）は空間上で直交していますが，時間の方向は図で正確に表現できません。

アルバート・アインシュタイン
（1879 〜 1955）

特殊相対性理論のいう4次元時空（2章）は，3次元空間に「時間」の1次元が加わったもので，「空間」はあくまでも3次元です。

しかし，1920年代に「空間が4次元である」とする理論が登場します。考案したのはドイツの数学者テオドール・カルツァ（1885〜1954）と，スウェーデンの物理学者オスカル・クライン（1894〜1977）です。

カルツァは一般相対性理論の研究中に，4次元空間でも理論がなりたつことに気づきました。数式上，縦・横・高さにもう一つの方向（次元）を加えたとしても，矛盾が生じないのです。そして，空間が4次元だとすると，それまで別物とされていた重力と電磁気力※を，一つの理論で説明できる可能性を見いだしました。

彼らの理論は，結局はうまくいきませんでした。しかし，「この世界が3次元空間である必然性はない」という斬新なアイデアは，その後の物理理論に受けつがれていくのです。

※：電気と磁気で生じる力。次ページでくわしく説明します。

5次元時空
（空間**4**次元＋時間**1**次元）

空間1

時間1

空間3

空間2

空間4

テオドール・カルツァ
（1885〜1954）

オスカル・クライン
（1894〜1977）

自然界に存在する四つの力

私たちが感じる力は重力と電磁気力だけ

高次元空間などという非常識なアイデアを，物理学者たちはなぜ真剣に研究するのでしょうか。

それは，**高次元空間を考えると，「力の統一」ができる可能性がある**からです。

現在，自然界には，四つ（4種類）の力が存在すると考えられています。「重力」「電磁気力」「強い力」「弱い力」です（右の図）。

強い力と弱い力は，基本的に原子核より小さなサイズでしかはたらかない力であるため，私たちがふだん感じる力は重力と電磁気力の二つです。

現在の物理学の理論によると，これらの力は「素粒子」がやりとりされることで伝わると考えられています。素粒子とは，物質を構成したり，各種の力を伝えたりする粒子のことで，それ以上分割することができない自然界の最小単位です。

四つの力は，それぞれ別の素粒子によって伝えられ，力の強さや届く距離はことなります。

重力

重さ（質量）をもつすべての物体の周囲にはたらく引力で，万有引力ともよばれます。重力は「重力子」とよばれる素粒子によって伝わると考えられていますが，重力子はまだみつかっていません。

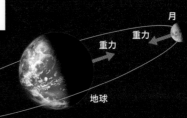

地球と月はたがいに引き合っています。ただし，地球の質量は月より約80倍も大きいため，重い地球のまわりを軽い月がまわっているのです。

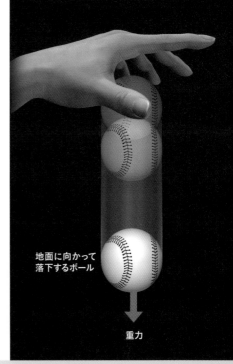

地面に向かって落下するボール

重力

電磁気力

電気をおびた物体の間にはたらく力（電気力）と磁気をおびた物体の間にはたらく力（磁力）をまとめて，電磁気力といいます。どちらも「光子」とよばれる素粒子によって伝わります。

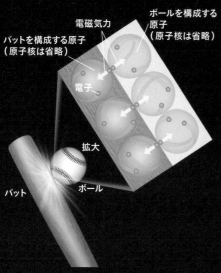

バットでボールを打つ場合にはたらく力は，原子の中にある電子どうしが反発する電磁気力だといえます。

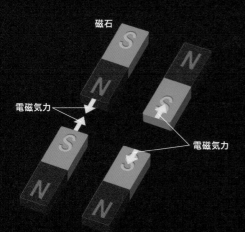

強い力

原子核を構成する陽子や中性子は，三つの「クォーク」という素粒子からできています。そのクォークどうしを結びつけているのが強い力です。

強い力は「グルーオン」という素粒子によって伝えられます。1兆分の1ミリメートル程度（陽子の大きさ程度）のごく近距離でしか伝わりません。

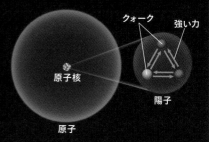

弱い力

中性子をつくる三つのクォークのうち，一つの種類が変化することで，中性子が陽子に変わることがあります。この変化を引きおこすのが弱い力です。

弱い力は「ウィークボソン」という素粒子によって伝えられます。強い力と同じく，弱い力もごく近距離でしか伝わりません。

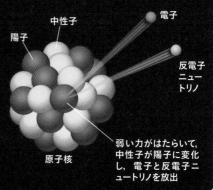

重力以外の力は統一されつつある

重力を統一するのは非常に困難

電磁気力
電荷や磁気のある物の間にはたらきます。

弱い力
中性子が電子とニュートリノを放出して陽子に変わるときなどにはたらきます。

強い力
クォークどうしをくっつけて陽子や中性子をつくるときにはたらきます。

重力
質量のある物の間にはたらきます。

物理学でいう「統一」とは，それまで別だと思われていた物質や現象に，共通の法則（基本法則）を見いだすことです。

たとえばニュートンは，「天体の運動」と「地上で物体が落下する運動」はどちらも「万有引力（重力）の法則」で説明できることを示しました。イギリスの物理学者ジェームズ・マクスウェル（1831 〜 1879）は，「電気」と「磁気」を統一して「電磁気力」としました。

自然界の力は四つに集約されています（前ページ）。そのうち**「電磁気力」と「弱い力」は，1960年代に発表された「電弱統一理論」によって統一が実現しました**。現在は，そこに「強い力」を加えた三つの力を統一する理論（大統一理論）が複数提案され，検証されています。

残る力は「重力」のみですが，重力を統一するのは非常にむずかしく，理論の完成には長い時間がかかりそうです。なぜなら**四つの力の中で重力だけが，圧倒的に弱いからです**。

四つの力は一つだった

宇宙のはじまり「ビッグバン」のころには，四つの力は統一されていたと考えられています。超高温・超高密度だった宇宙が，冷えていくにしたがって力が分離していったと考えられています。

ビッグバン

電磁気力と弱い力を統一する「電弱統一理論」は，1967年に発表されました。

重力をのぞく三つの力を統一する「大統一理論（GUT）」は，1974年に発表されました。

すべての力を統一する理論はまだ完成していません。

重力は,ほかの力よりも極端に弱い

ミクロな世界で比較すると弱さが歴然!

いつも地球の強大な重力にしばられて生活している私たちには,重力が弱いといわれても,ぴんとこないかもしれません。

そこで,原子や電子などのミクロな世界で力の大きさをくらべると,重力の圧倒的な弱さがわかりやすくなります。たとえば電子どうしが近づいたときには,引き合う重力と,反発し合う電磁気力が生じます(右の図)。このとき,重力は電磁気力の10^{42}分の1ほどの強さしかありません。

ことなる力を統一するには,「本来同じ力であるものが,何らかの理由で別の力のようにみえている」ことを明らかにする必要があります。つまり,**重力をほかの三つの力と統一するには,「本来ほかの三つの力と同じくらい強いのに,重力だけが圧倒的に弱くみえる理由」を説明しなければならないのです。**

その理由を説明するために,いよいよ高次元空間が登場します。

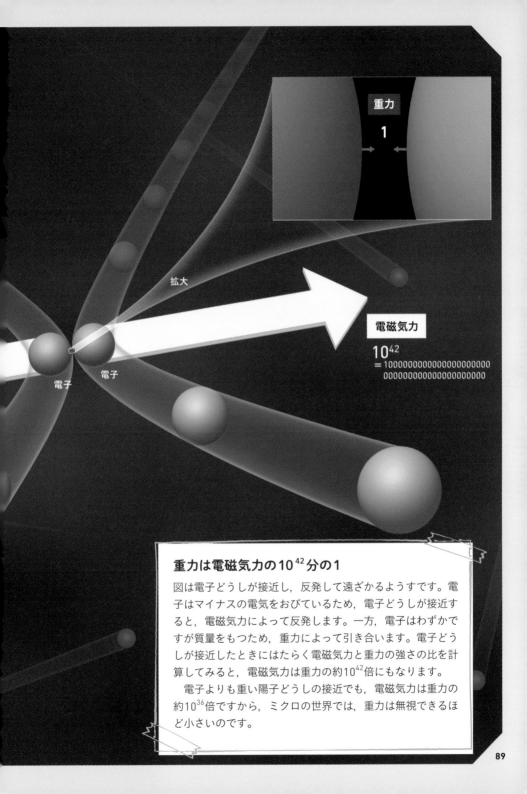

重力

1

拡大

電磁気力

10^{42}
= 100000000000000000000
000000000000000000000

電子　電子

重力は電磁気力の 10^{42} 分の1

図は電子どうしが接近し，反発して遠ざかるようすです。電子はマイナスの電気をおびているため，電子どうしが接近すると，電磁気力によって反発します。一方，電子はわずかですが質量をもつため，重力によって引き合います。電子どうしが接近したときにはたらく電磁気力と重力の強さの比を計算してみると，電磁気力は重力の約 10^{42} 倍にもなります。

　電子よりも重い陽子どうしの接近でも，電磁気力は重力の約 10^{36} 倍ですから，ミクロの世界では，重力は無視できるほど小さいのです。

高次元空間に重力が拡散している!?

1920年代に生まれた高次元のアイデアが時を経て"復活"

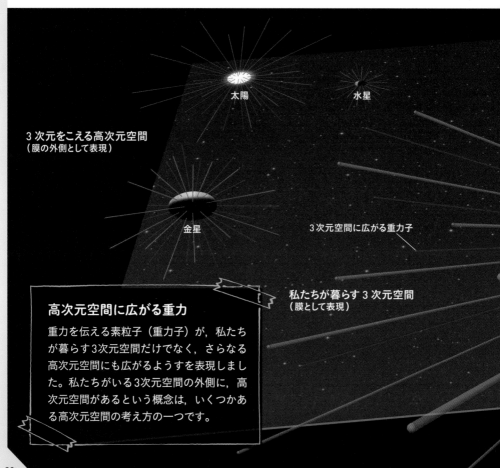

太陽

水星

3次元をこえる高次元空間
(膜の外側として表現)

金星

3次元空間に広がる重力子

私たちが暮らす3次元空間
(膜として表現)

高次元空間に広がる重力

重力を伝える素粒子(重力子)が,私たちが暮らす3次元空間だけでなく,さらなる高次元空間にも広がるようすを表現しました。私たちがいる3次元空間の外側に,高次元空間があるという概念は,いくつかある高次元空間の考え方の一つです。

しこの世界に，3次元のほかに
私たちが感知できない高次元
が存在していたら，いったい何がお
きるのでしょうか。重力は4次元以
上の空間にも広がるため，薄まりま
す。つまり，**私たちが感知できる3
次元空間には重力の一部しか伝わっ
てこないため，弱くみえるというこ
とになるのです。**

高次元空間のアイデアは，1920年
代にカルツァとクラインが提案しま
した（82〜83ページ）。彼らは重力
と電磁気力を統一しようとして4次
元空間を考えましたが，結局は統一
には至りませんでした。

しかし，そのアイデアは生き残り，
1980年代に別の理論の中で復活を
とげることになります。それが，**今
さかんに研究されている「超ひも理
論（超弦理論）」**です。次のページで
説明しましょう。

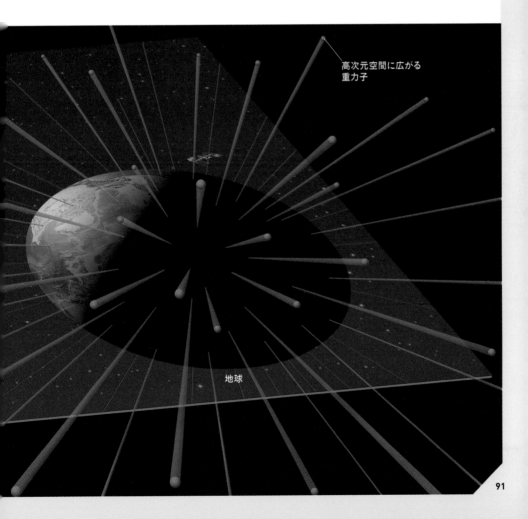

高次元空間に広がる
重力子

地球

10次元時空を予言した『超ひも理論』とは

物質も光も重力も、すべて「ひも」で説明する

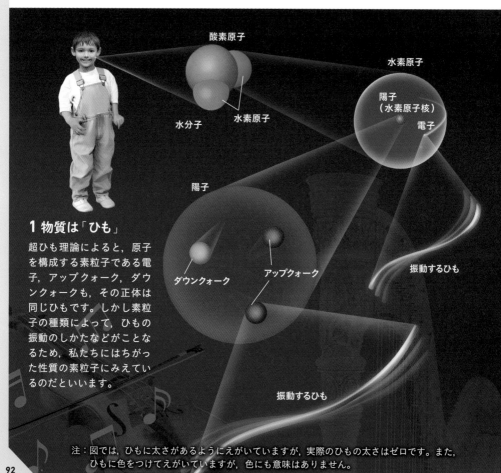

酸素原子

水分子

水素原子

水素原子

陽子
（水素原子核）

電子

陽子

1 物質は「ひも」

超ひも理論によると、原子を構成する素粒子である電子、アップクォーク、ダウンクォークも、その正体は同じひもです。しかし素粒子の種類によって、ひもの振動のしかたなどがことなるため、私たちにはちがった性質の素粒子にみえているのだといいます。

ダウンクォーク

アップクォーク

振動するひも

振動するひも

注：図では、ひもに太さがあるようにえがいていますが、実際のひもの太さはゼロです。また、ひもに色をつけてえがいていますが、色にも意味はありません。

超ひも理論は，自然界の最小単位である「素粒子」を，振動する微小な「ひも（弦）」だと考える理論です。1984年に，イギリスの物理学者マイケル・グリーン（1946〜）と，アメリカの物理学者ジョン・シュワルツ（1941〜）によって提唱されました。

バイオリンのような弦楽器は，数本の弦にさまざまな振動をおこすことで無数の音色をつくりだします。超ひも理論の考え方もこれに似ています。極小のひもがさまざまに振動すると，私たちには，その振動のちがいが素粒子のちがい（質量や電荷などのちがい）としてみえると考えます。

そして超ひも理論では，10次元時空（9次元の空間と1次元の時間）が存在することを予言しています。ひもの振動状態で現実の素粒子を表現するには，3次元では足りず，9次元が必要なのです。

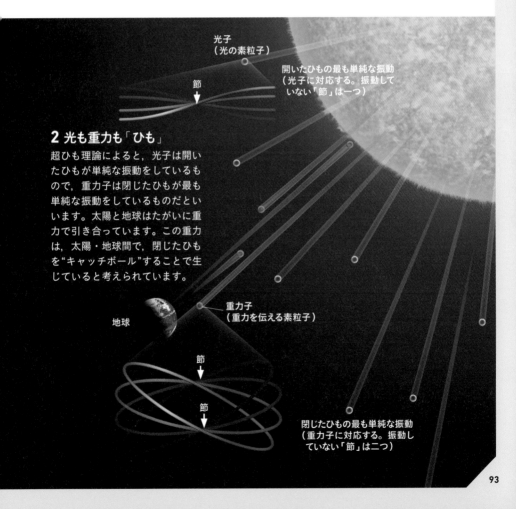

光子
（光の素粒子）

開いたひもの最も単純な振動
（光子に対応する。振動して
いない「節」は一つ）

節 ←

2 光も重力も「ひも」

超ひも理論によると，光子は開いたひもが単純な振動をしているもので，重力子は閉じたひもが最も単純な振動をしているものだといいます。太陽と地球はたがいに重力で引き合っています。この重力は，太陽・地球間で，閉じたひもを"キャッチボール"することで生じていると考えられています。

地球

重力子
（重力を伝える素粒子）

節 ↓

節 ↓

閉じたひもの最も単純な振動
（重力子に対応する。振動し
ていない「節」は二つ）

コーヒーブレーク

なぜ素粒子を
ひもと考えるのか

物理学では，素粒子を「大きさのない点」と考えるのが普通でした。**しかし，素粒子が点だと考えると，問題が生じてしまいます。**たとえば，素粒子である電子は，プラスの電気をおびた物と引き合い，逆にマイナスの電気をおびた物と反発し合います。この「電磁気力」は，二つの物体間の距離が近いほど強くなります。

実は，電子がおよぼす電磁気力は，発信源である自分自身にもはたらきます。**電子が大きさをもたない点だとすると，電磁気力の発信源である自分自身との距離はゼロです。すると計算上，電磁気力が無限大になってしまうのです。**

無限大の電磁気力が加わると，電子は無限大のエネルギーをもつことになり，質量も無限大になってしまいます。これでは電子が動けず，電気も流れないことになります。こうして，現実との間に矛盾が生じるのです。

同様の問題は「重力」でも生じ，

マイナスの電気をおびた粒子（中央）のまわりでは，マイナスの電気をおびた粒子には反発力が，プラスの電気をおびた粒子には引力がはたらきます。これが電磁気力です。電磁気力は，粒子間の距離が近いほど強く，遠いほど弱くなります。

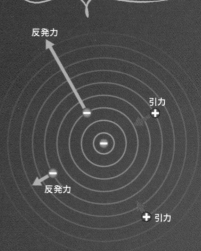

反発力

引力

反発力

引力

重力の問題を解決するために「ひも」の考え方が注目を浴びるようになったのです。

素粒子が点ではなく，ひもなら？

素粒子が点だとすると，電磁気力だけでなく，重力の計算にも問題が生じます。質量をもつ二つの素粒子が衝突する瞬間，距離がゼロになり，重力は無限大になってしまうのです（上段）。素粒子を点ではなく，大きさをもつひもだと考えれば，重力が無限大になることを避けることができます（下段）。

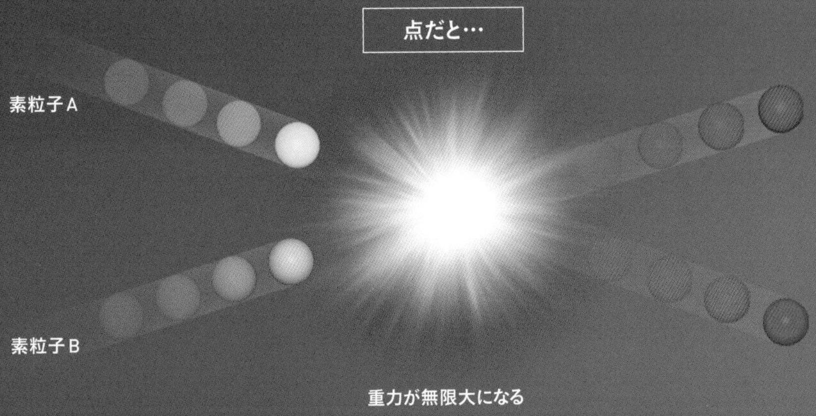

点だと…

素粒子 A

素粒子 B

重力が無限大になる

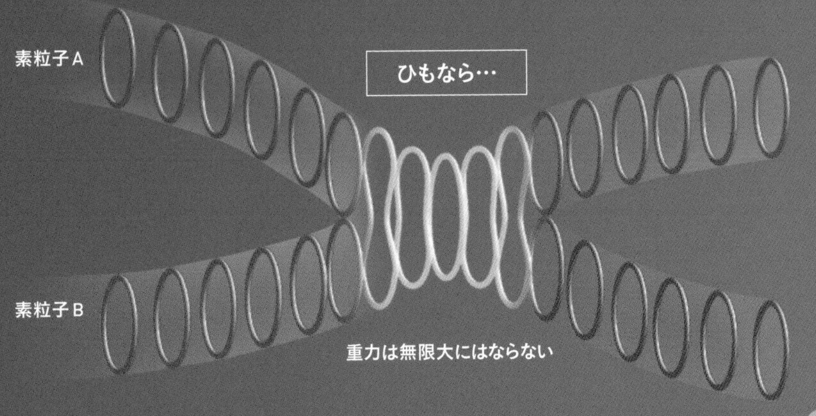

素粒子 A

ひもなら…

素粒子 B

重力は無限大にはならない

高次元空間は
小さくなってかくれている!?

1次元にみえる世界も，実は……?

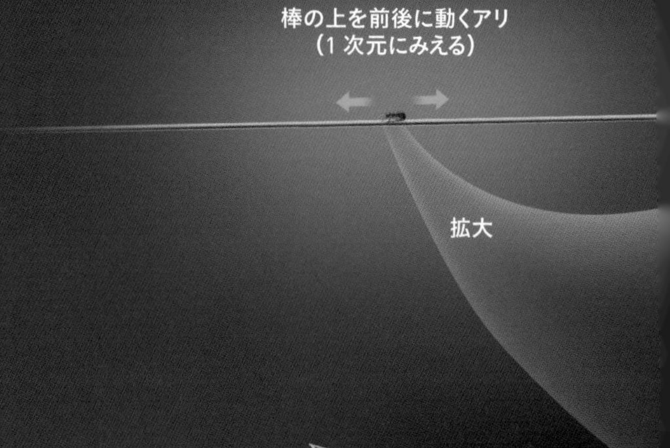

棒の上を前後に動くアリ
（1次元にみえる）

拡大

拡大してよく見ると，かくれた次元が見えてくる

アリが歩く細い棒は，遠くから見ると，1本の線（1次元の世界）にみえます。しかし，拡大してよく見ると，アリは棒の前後方向だけでなく，棒の周囲（棒を輪切りにしたときの切り口の円周方向）をくるりとまわることもできることがわかります。つまり，アリにとって棒の表面は，1次元ではなく，2次元の世界なのです。

私たちが暮らすこの世界は，どこをどう見まわしても3次元空間としか思えません。9次元空間は，いったいこの世界のどこにあるというのでしょうか？ **この問いに対して研究者たちは「私たちが知る3次元以外の六つの次元は，小さすぎて気づかないだけかもしれない」と考えています。**

こんなたとえ話があります。細い棒の上を，アリが歩いています。遠くから見ると，棒は1次元の世界（線）にみえるでしょう。

しかし，棒に近づいてよく見ると，アリは棒の前後に動けるだけでなく，棒の周囲をくるりとまわることもできます。つまり，アリにとって，棒の表面は1次元ではなく2次元の世界だったのです。

これと同じように，私たちが知る3次元空間には，非常に小さい別の次元がかくれていて，あまりに小さいので私たちは気がつかないだけかもしれない，と研究者たちは考えているのです。

前後と円周方向に動くアリ
（2次元にみえる）

細い棒は，小さなアリにとっては，円周方向にも動くことができる2次元の面です。

かくれた次元は, あらゆる場所にひそんでいる

コンパクト化された余剰次元が空間のミクロな点にくっついている

3 次元をこえる空間の次元を, 物理学では「余剰次元」とよびます。余剰次元が物理学に登場したのは, 1920年代のことです。

カルツァとクラインは, 余剰次元を「小さく丸める」という手法を考案しました。物理学者は, これを「次元のコンパクト化」とよんでいます。

私たちはコンパクト化された余剰次元の存在に気づかず, この世界を3次元空間としか認識できていないというのです。

また, カルツァとクラインの理論では, かくれた次元は空間のあらゆる点に"くっついている"と考えます。図ではかくれた次元を, 格子の交点にのみ円状の余剰次元（丸まった1次元）がくっついているようにえがきましたが, 実際は交点と交点の間のあらゆる点に円がくっついているイメージです。

コンパクト化された余剰次元は,

「次元のコンパクト化」の考え方

2次元の平面を丸めて半径を小さくしていくと, ついには1次元の線になります（右上の図）。このような丸まった次元では, 丸まった方向に真っすぐ進むと, もとの位置にもどってきます。

3次元をこえる余剰次元をコンパクト化することで, すでに観測されている実験結果や物理学の法則と矛盾しなくなり, 高次元空間の存在が許されるようになったのです。

一つとは限りません。92〜93ページで紹介した超ひも理論では9次元空間を考えるため, 6個もの余剰次元がコンパクト化されていることになります。

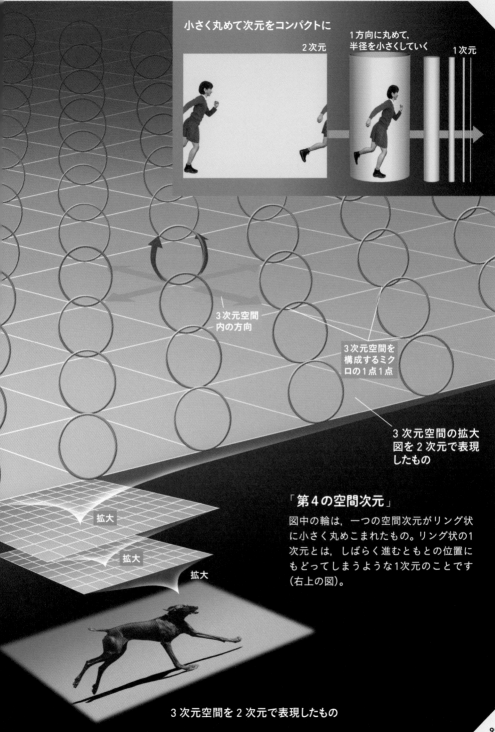

小さく丸めて次元をコンパクトに

2次元

1方向に丸めて,
半径を小さくしていく

1次元

3次元空間
内の方向

3次元空間を
構成するミク
ロの1点1点

3次元空間の拡大
図を2次元で表現
したもの

拡大

拡大

拡大

「第4の空間次元」

図中の輪は,一つの空間次元がリング状
に小さく丸めこまれたもの。リング状の1
次元とは,しばらく進むともとの位置に
もどってしまうような1次元のことです
(右上の図)。

3次元空間を2次元で表現したもの

6次元を丸めると，どんな形になるのか？

「カラビ＝ヤウ空間」とよばれる
複雑な形状をしていると考えられている

6次元が丸めこまれた9次元空間

超ひも理論では，9次元空間を考えます。図は，3次元をこえる6次元が，特殊な空間（カラビ＝ヤウ空間）に丸めこまれているようすをえがきました。

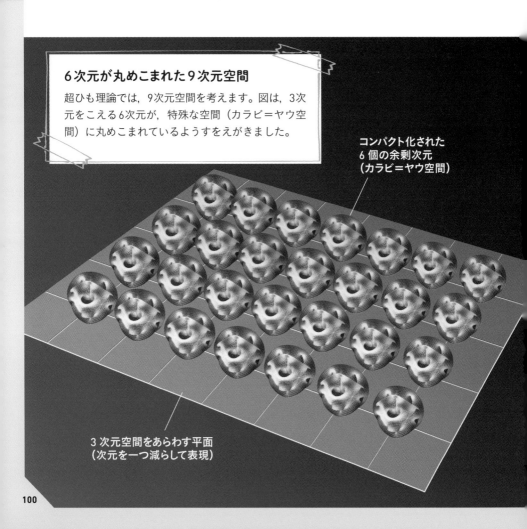

コンパクト化された
6個の余剰次元
（カラビ＝ヤウ空間）

3次元空間をあらわす平面
（次元を一つ減らして表現）

超ひも理論で考えられる「6個の余剰次元」とは，いったいどんな形をしているのでしょうか？

超ひも理論では，6個の余剰次元は「カラビ＝ヤウ空間」とよばれる複雑な形になっていると考えられています。下の不思議な図が，研究者たちの理論と数学を使った研究によって示されたカラビ＝ヤウ空間です。ただし，6次元の立体をそのままえがくことはできないので，多様体の形を3次元空間に投影した形をえがいています。

カラビ＝ヤウ空間という名前は，発見者であるアメリカの数学者エウジェニオ・カラビ（1923〜）とシン＝トゥン・ヤウ（1949〜）の名前にちなんでいます。

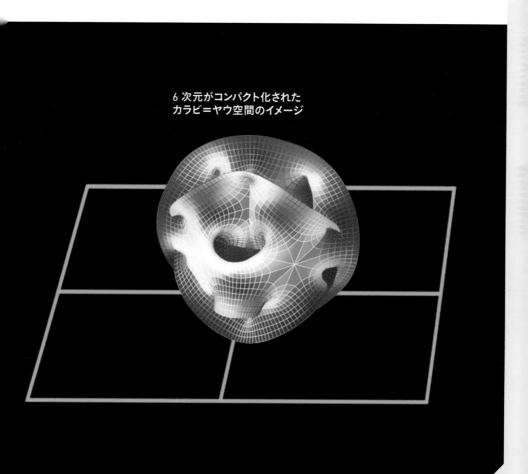

6次元がコンパクト化された
カラビ＝ヤウ空間のイメージ

9次元空間で振動する ひもを絵であらわすと

1次元ごとに分解して 表現しよう

超ひも理論で考えるひも（＝素粒子）が高次元で振動する姿を，図に正しくえがくことはできません。

しかし，1次元ごとに"分解"して表現することは可能です。ちょうど，3次元の建物を，正面や横から見て，複数の平面図に"分解"してえがくことと同じ考え方です。

右の図は，9次元空間で振動するひもの姿を，1次元ごとに"分解"して表現したものです。ひもは振動していますから，時間とともに，その形は変化します。それぞれの次元に分けて示したひもの姿も，時間とともに変化していきます。**これらの変化を9次元分足し合わせたものが，9次元空間で振動するひもの姿というわけです。**

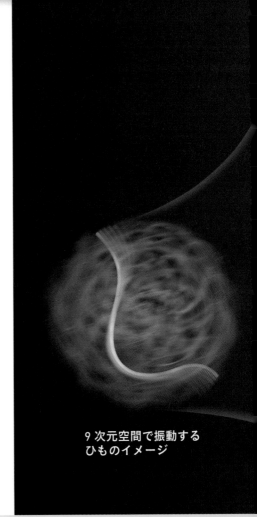

9次元空間で振動する
ひものイメージ

9次元空間で振動するひもをえがくと?

9次元空間で振動するひもの形について,1次元目から9次元目まで分解してえがきました。横軸はひもの長さ方向を,縦軸は分解した各次元の方向をあらわしています。ひもは振動していますから,それぞれの次元での形は時間とともに変化します。

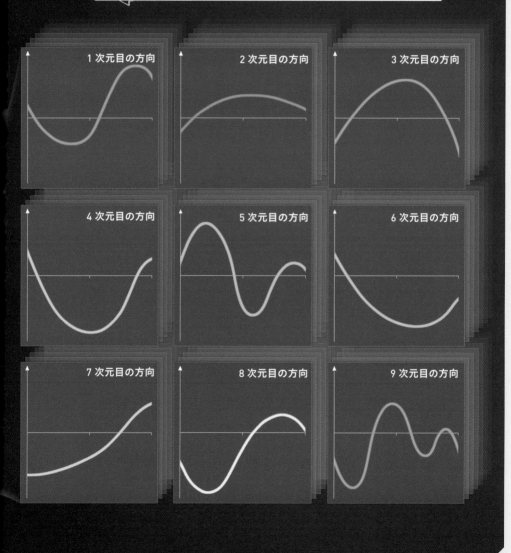

"閉じたひも"なら 3次元にしばられない

重力の素粒子だけが 高次元空間を動ける

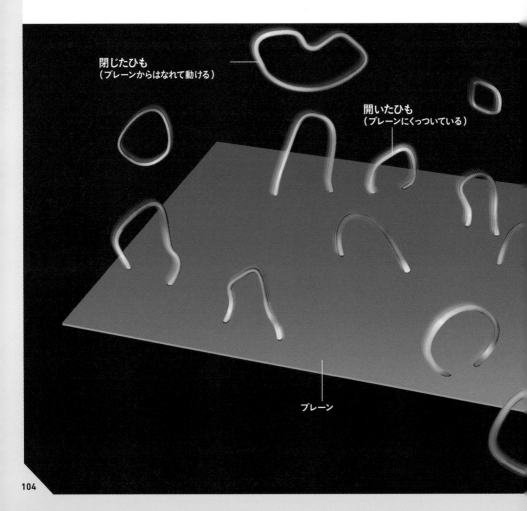

閉じたひも
（ブレーンからはなれて動ける）

開いたひも
（ブレーンにくっついている）

ブレーン

超ひも理論で考えるひもは，大きく2種類に分けられます。一つは「開いたひも」。両端がつながっていない状態で，「ブレーン（brane）」という膜のように広がる領域にくっついてしか動きまわれません。もう一つは「閉じたひも」で，両端をつないだ輪ゴムのような状態です。ブレーンにくっつく"端"がないため，ブレーンからはなれて動くことができます。なお，ブレーンは3次元空間の世界に対応します。

超ひも理論では，物質を構成する素粒子（クォークや電子など）や，電磁気力を伝える素粒子（光子）などの素粒子は，開いたひもであらわします。一方，重力を伝える素粒子（重力子）は，閉じたひもであらわします。

閉じたひもは3次元空間にしばられることなく，より高次元の空間を動くことができます。つまり，「重力だけが高次元空間に拡散するために極端に弱くなる」（90〜91ページ）という考えに，説明がつくのです。

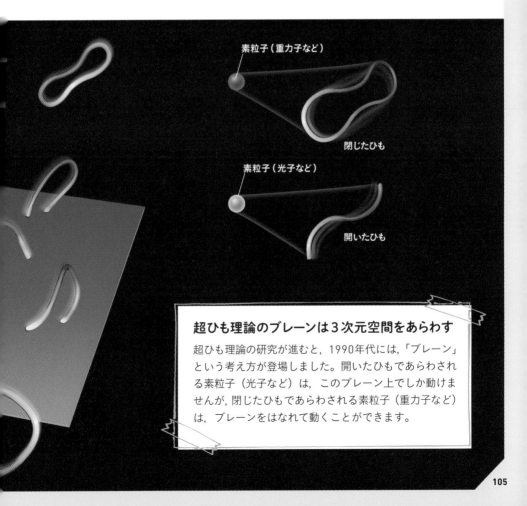

素粒子（重力子など）

閉じたひも

素粒子（光子など）

開いたひも

超ひも理論のブレーンは3次元空間をあらわす

超ひも理論の研究が進むと，1990年代には，「ブレーン」という考え方が登場しました。開いたひもであらわされる素粒子（光子など）は，このブレーン上でしか動けませんが，閉じたひもであらわされる素粒子（重力子など）は，ブレーンをはなれて動くことができます。

ニュートンがみつけた 万有引力の法則

そもそも、「重力」とは何なのでしょうか？

重力は、重さ（質量）をもった物体の周囲にはたらく引力です。物体の質量が大きいほど、大きな重力がはたらきます。重力はすべての物体がもつ引力であるため、「万有引力」ともよばれます。万有引力の伝わり方の法則を発見したのが、アイザック・ニュートンです。

ニュートンは、月にはたらく地球の重力の強さなどを計算し、「質量をもつ二つの物体の間には、その質量に比例して、物体間の距離の2乗に反比例する引力がはたらく」という、万有引力の法則をみちびきだしました。

「距離の2乗に反比例」とは、ある物体からの距離が2倍になると重力は4分の1（2^2分の1）になり、距離が3倍になると重力は9分の1（3^2分の1）になるということです。

アイザック・ニュートン
（1642 〜 1727）

リンゴ

万有引力

万有引力の法則

重力（万有引力）の強さは，二つの物体間の距離の2乗に反比例します。一般的に，質量はキログラム（kg），距離はメートル（m），力の強さはニュートン（N）という単位を使います。Gは「万有引力定数」で，$G=$ 約6.7×10^{-11} N・m^2 kg^{-2}です。

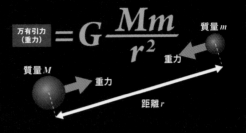

$$\text{万有引力（重力）} = G\frac{Mm}{r^2}$$

質量M 重力
質量m 重力
距離r

月

万有引力

リンゴの落下も，月の円運動も，万有引力が原因

ねじればかり
ヘンリー・キャベンディッシュ（1731 〜 1810）によって万有引力定数の測定に使われました。

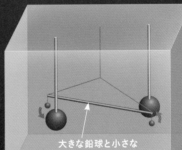

大きな鉛球と小さな鉛球の間の万有引力によってねじれます。

テーブルの上の二つのリンゴも万有引力で引き合っている

リンゴ
万有引力　万有引力
リンゴ
摩擦力
摩擦力

摩擦力が万有引力を打ち消すので，リンゴどうしは接近しません。

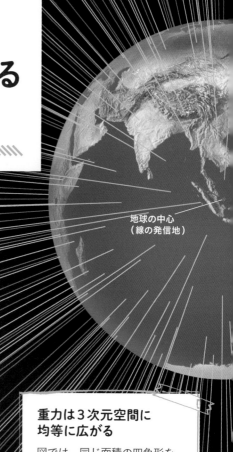

地球の中心
（線の発信地）

重力の弱まり方は次元の数を反映する

重力の伝わり方は，空間の次元の数によって変わる

地球の周囲に生じる重力を，「力線」とよばれる線で表現してみました。地球の中心から周囲の全方向に向かって，均等に力線が広がります。線が密集している（密度が高い）場所ほど，重力が強いことを意味します。

万有引力の法則（前ページ）では，地球の中心からの距離が2倍になると線の密度（重力の強さ）が4分の1（2^2分の1）になります。

もし世界が2次元だったら，重力をあらわす線は2次元平面上に均等に広がります。その結果，重力の強さは距離の1乗に反比例することになり，地球の中心からの距離が2倍になると線の密度（重力の強さ）は2分の1になります。

つまり，**重力の伝わり方は，空間の次元の数によって変わることがわかります。**重力の強さが距離の2乗に反比例するという万有引力の法則は，この世界が3次元空間であると主張しているのです。

重力は3次元空間に均等に広がる

図では，同じ面積の四角形を，地球の中心からの距離が，地球の半径の1倍（＝地球表面），2倍，3倍となるような場所に置きました。地球から遠ざかるほど線と線の間隔がはなれていくので，四角形をつらぬく線の数が減ります。えがいた線の数が少ないため，万有引力の法則と多少の誤差はありますが，つらぬく線の数は距離の2乗に反比例して，少なくなっています。

地球の中心からの距離：
　　地球の半径の1倍
つらぬく力線の数：16本

地球の中心からの距離：
　　地球の半径の2倍
つらぬく力線の数：4本

地球の中心からの距離：
　　地球の半径の3倍
つらぬく力線の数：2本

重力はなぜ「距離の2乗に反比例」するのか？

上の図では，一定の面積をつらぬく力線の数で，その場所の重力の強さをあらわしました。今度は球面全体で力線の密度を考えてみましょう。

　球の表面積は，「4×円周率（π）×半径^2」で求められます。球の中心にある重力源から，周囲に1000本の力線が出ている場合，球の表面における力線の密度は，「1000÷表面積」で求められます。3次元空間で重力の強さ（力線の密度）が距離の2乗に反比例するのは，1点の重力源から重力が広がる範囲（球の表面積）が距離（半径）の2乗に比例するからです。半径1〜3の球で，表面積と表面における1000本の力線の密度を計算すると，力線の密度が距離の2乗に反比例することが確認できます（右の図）。

　2次元の場合は，重力が広がる範囲が円になり，線の密度は円周（2×円周率×半径）で割って求めることになります。そのため，重力の強さは距離（半径）の1乗に反比例するのです。

表面積　4π
半径1
力線の密度
約80

表面積　16π
（半径1の球の4倍）
半径2
力線の密度　約20
（半径1の球の4分の1）

表面積　36π
（半径1の球の9倍）
半径3
力線の密度　約8.8
（半径1の球の9分の1）

加速器を使って余剰次元をさがしだせ！

かくれた高次元の近くでは，重力が急激に強くなるはず

実は万有引力の法則には，検証されていない領域があります。0.1ミリメートル以下といった短い距離でも「重力の強さは距離の2乗に反比例する」という法則がなりたつのかは，きちんと確認されていません。

前ページでみたように，空間の次元の数によって重力の伝わり方はことなります。理論上，重力の強さは「距離の《空間次元－1》乗に反比例する」ことがわかっています。たとえば5次元空間であれば，距離の4乗に反比例し，距離が2倍になれば，重力の強さは16分の1（2^4分の1）になります。つまり空間の次元が高いほど，距離がはなれるにつれて重力は急激に弱くなるのです。裏を返せば，距離が近づくと，重力は急激に強くなります。

98〜101ページでみたように，この世界には3次元をこえる高次元空間（余剰次元）が存在し，小さく丸まってかくれているかもしれません。もし，このかくれた高次元空間の重力をはかることができれば，3次元空間よりも強い重力が測定されると考えられます。

一方，**余剰次元が原子よりはるかに小さいものだとしたら，重力の強さの検証には巨大な「加速器」が必要になります**。加速器とは，陽子などの粒子を光速近くまで加速して衝突させ，その際におきる現象を観測する装置です。粒子どうしが衝突すると，衝突前には存在しなかった粒子が新たに生成されます（右の図）。これは，衝突のエネルギーが新たな粒子に"化けた"ことを意味します。

余剰次元が存在する場合，粒子の衝突時には，3次元空間ではおきない現象がおきるかもしれないのです。

レマン湖

ジュネーブ
国際空港

LHC（1周約27km）

巨大な環状の加速器LHC

ヨーロッパ原子核研究機構（CERN）
の加速器「LHC」。スイスとフランス
の国境をまたぐように掘られた，地
下100メートルのトンネル内に設置
されています。

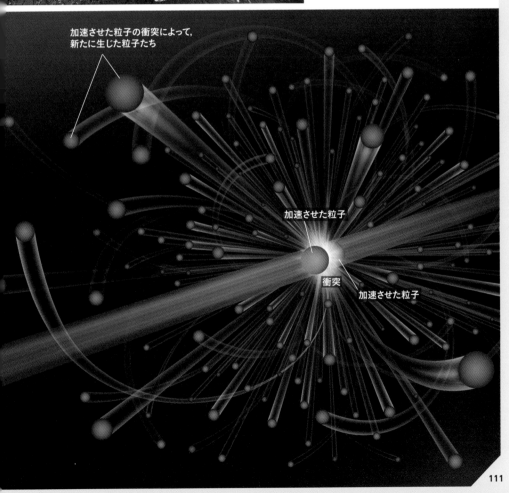

加速させた粒子の衝突によって，
新たに生じた粒子たち

加速させた粒子

衝突

加速させた粒子

3次元空間を飛びだして 高次元へ向かう粒子

高次元ではげしく運動するほど，粒子が重くなる

加速器を使った高次元空間の検証方法の一つは，高次元方向に動く粒子の痕跡をさがすことです。この特殊な粒子は，高次元物理学を考案した2人の学者（82～83ページ）にちなみ，「カルツァ・クライン粒子（KK粒子）」とよばれています。

CERNの巨大加速器「LHC」（前ページ）では，重力を伝える素粒子である「重力子」が高次元方向に動いた「KK重力子」などの探索が行われています。重力子は，理論的に存在が予言されている未発見の素粒子で，その質量はゼロだと考えられています。ところが，高次元方向に動くKK重力子は，3次元の住人である私たちには質量があるようにみえると予想されています。

現在有力なモデルでは，KK重力子の質量は数TeV※程度ではないかと考えられています。これは陽子の質量の数千倍であり，LHCで十分に発見可能な質量です。

KK重力子が高次元方向に運動するようすを直接観測することはできないため，研究者は3次元空間における観測結果から，KK重力子が高次元をどのように動いたかを推定します。高次元方向での運動がはげしいほど，重い粒子にみえるといいます。

また，高次元空間の形によって運動のしかたが制限されるため，KK重力子の質量はとびとびになります。最も軽い（運動がはげしくない）KK重力子の質量が5TeVだとすると，運動がはげしくなるごとに，たとえば10TeV，15TeVと段階的に重いKK重力子が発見されることが予想されています。

LHCでは，KK重力子が生じた可能性のあるデータは，まだ観測されていません。

※：TeV＝テラ（1兆）電子ボルト。eV（電子ボルト）はエネルギーの単位ですが，エネルギーと質量は変換可能であるため，質量の単位としても使われます。

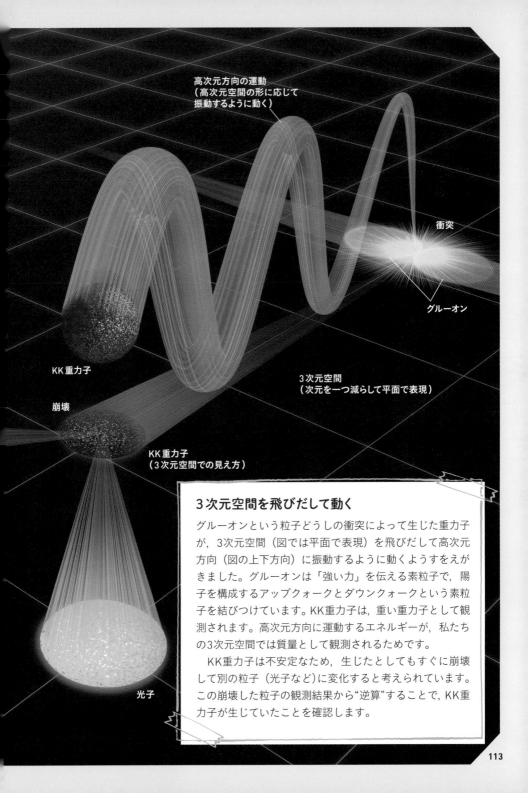

高次元方向の運動
（高次元空間の形に応じて
振動するように動く）

衝突

グルーオン

KK重力子

崩壊

3次元空間
（次元を一つ減らして平面で表現）

KK重力子
（3次元空間での見え方）

光子

3次元空間を飛びだして動く

グルーオンという粒子どうしの衝突によって生じた重力子が，3次元空間（図では平面で表現）を飛びだして高次元方向（図の上下方向）に振動するように動くようすをえがきました。グルーオンは「強い力」を伝える素粒子で，陽子を構成するアップクォークとダウンクォークという素粒子を結びつけています。KK重力子は，重い重力子として観測されます。高次元方向に運動するエネルギーが，私たちの3次元空間では質量として観測されるためです。

　KK重力子は不安定なため，生じたとしてもすぐに崩壊して別の粒子（光子など）に変化すると考えられています。この崩壊した粒子の観測結果から"逆算"することで，KK重力子が生じていたことを確認します。

人工的なブラックホールで高次元空間を検証

高次元空間の強力な重力があれば,加速器でブラックホールが生じる?

陽子
(左側から
飛来)

　加速器を使った高次元空間の検証方法には,「小さなブラックホールの痕跡をさぐる」というものもあります。

　どんな物質でも,きわめて高密度に圧縮すればブラックホールになると考えられています。たとえば半径約6378キロメートルの地球(質量約6.0×10^{24}キログラム)を,半径1センチメートルほどに圧縮できれば,ブラックホールになるというのです。

　現在のLHCのエネルギーで粒子を衝突させても,ブラックホールができるほどには粒子を圧縮できない(小さい領域に押しこめられない)ため,ブラックホールは生じません。ところが,もし小さくかくれた高次元空間があれば,近距離での重力が10^{40}倍にも強くなり,現在のLHCのエネルギーでもブラックホールができると考えられています。

　ただし,こうして生じたブラッ

ブラックホールが生じて,一瞬で蒸発

　加速器による粒子の衝突によってブラックホールが生じ,すぐに蒸発するようすをえがきました。ブラックホールの中では,衝突した粒子どうしが強い重力によってたがいの周囲を高速で回転していると考えられますが,外からは見えません。

　ミクロサイズのブラックホールは,宇宙に存在するような巨大なブラックホールとはちがい,さまざまな粒子を放出して,ごく短時間で蒸発してしまうと考えられています。周囲に飛び散った粒子を手がかりに,ブラックホールができていたことを確認するのです。

クホールはきわめて小さく,強い重力で周囲の物質をのみこむどころか,逆に光子などのさまざまな粒子を周囲に放出して,一瞬(10^{-26}秒ほど)で蒸発してしまうといわれています。

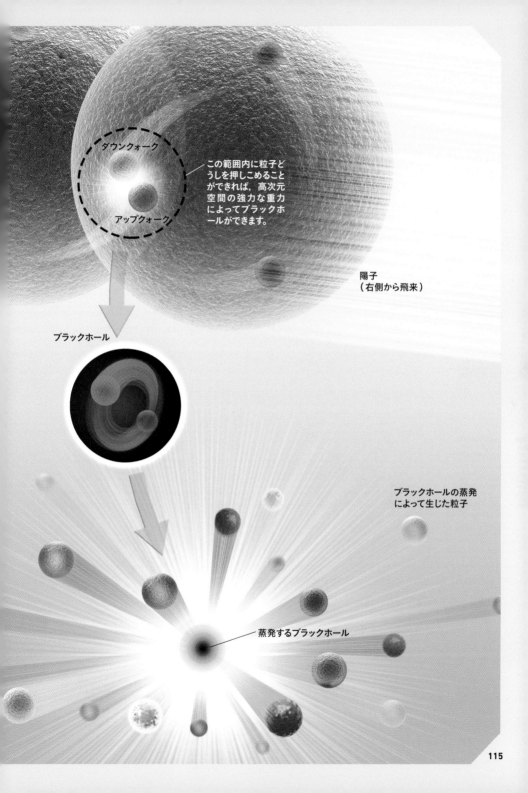

ダウンクォーク

この範囲内に粒子どうしを押しこめることができれば、高次元空間の強力な重力によってブラックホールができます。

アップクォーク

陽子
（右側から飛来）

ブラックホール

ブラックホールの蒸発によって生じた粒子

蒸発するブラックホール

高次元空間について，さまざまな理論が検証されている

余剰次元の形や数はまだわかっていない

かくれた高次元空間の形

高次元空間の"形"の例を示しました。下に広がる平面が3次元空間をあらわしていて，そこに余剰次元がくっついています。高次元がどのような形なのかは，まったくわかっていません。KK重力子やミニブラックホールなどの高次元空間の証拠が実際にみつかれば，次元の数や形はかなりしぼられてくるといいます。

1. 1次元がコンパクト化

1次元分がリング状に丸まっています。

2. 6次元がコンパクト化

6次元分が複雑に丸まっています（カラビ＝ヤウ空間）。

※1：ADDとは，この理論を発表した3人の物理学者，ニーマ・アルカニハメド，サバス・ディモポロス，ジョージ・ドゥバリの名前の頭文字をつなげたもの。重力がけたちがいに弱い理由を，はじめて余剰次元の考え方を使って説明しようとした理論です。

1998年,「最大1ミリメートルほどの大きな高次元空間がかくれている可能性がある」とする高次元空間の理論「ADD理論[※1]」が発表され,大きな注目を集めました。

そして翌年の1999年には,「RS理論[※2]」という別の高次元空間の理論が発表されました。RS理論は,私たちの3次元空間(ウィークブレーン)とは別の空間(重力ブレーン)があり,それら二つの空間を大きく曲がった余剰次元がつなげていると考えるものです。

ほかにも,「UED理論[※3]」という理論があります。この理論では,RS理論のように曲がった余剰次元を考えますが,**重力以外の力も余剰次元を伝わることができると考えます**。ただし,力の伝わり方がことなるので,重力だけがこの世界では弱くみえるというのです。

これらの理論は,現在も検証がつづけられています。

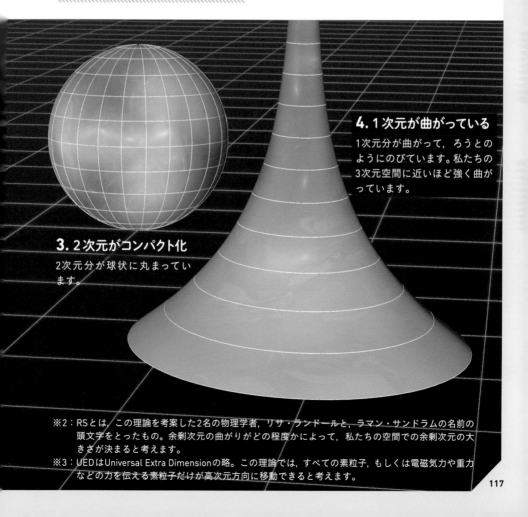

4. 1次元が曲がっている

1次元分が曲がって,ろうとのようにのびています。私たちの3次元空間に近いほど強く曲がっています。

3. 2次元がコンパクト化

2次元分が球状に丸まっています。

※2:RSとは,この理論を考案した2名の物理学者,リサ・ランドールと,ラマン・サンドラムの名前の頭文字をとったもの。余剰次元の曲がりがどの程度かによって,私たちの空間での余剰次元の大きさが決まると考えます。

※3:UEDはUniversal Extra Dimensionの略。この理論では,すべての素粒子,もしくは電磁気力や重力などの力を伝える素粒子だけが高次元方向に移動できると考えます。

次元のことなる世界では物理法則が変わる

万有引力や原子の構造などが変わってくる

3 次元以外の次元空間では，物理の法則も変わります。

たとえば，万有引力（重力）は，物体間の距離の2乗に反比例します（106 〜 109ページ）。これを万有引力の「逆2乗則」とよびます。**逆2乗則は，この世界が3次元空間である場合でしかなりたちません。**もしこの世界が2次元平面ならば，万有引力は「物体間の距離の1乗に反比例」することになります（逆1乗則）。そして，もしこの世界が4次元空間ならば，万有引力は「物体間の距離の3乗に反比例」することになると考えられます（逆3乗則）。

地球などの惑星は，楕円軌道をえがいて太陽のまわりをまわっています。しかし，万有引力が逆2乗則ではなく，逆1乗則や逆3乗則にしたがう場合は，こうした楕円軌道はなりたちません。そして地球は安定に公転することができず，太陽に衝突したり，太陽系の果てへと飛ばされたりします。同様に，原子核のまわりを電子がまわることでつくられる「原子」の構造も，3次元以外の空間では安定に存在できないはずです。

こうして考えると，私たちが存在するという事実は，この世界が3次元空間であると主張しているようです。それにもかかわらず，**この世界が実は3次元空間ではなく4次元空間であるとすれば，私たちの存在と矛盾しないような「特別な4次元空間」ということになります。**たとえば，四つ目の空間次元の大きさが観測できないほど小さいか，あるいはどんな物質も行き来することのできない特別な次元でなければならないのです。

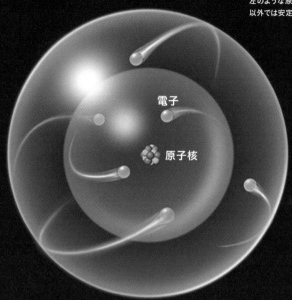

左のような原子の構造も，3次元空間
以外では安定に存在できません。

電子

原子核

1. 3次元空間での重力

重力は距離の「2乗」に反比例する。

半径1の球面（面積4π）

半径2の球面（面積16π）

重力は4

重力は1

地球

地球から出た
重力子

重力の大きさは，地球から出た重力子がその場
所をつらぬく密度で決まります。半径1の球面の
面積は半径2の球面の4分の1なので，半径1の球
面をつらぬく重力子の密度は半径2の球面の4倍
になります。つまり3次元空間では距離が半分に
なると，重力は4倍になります。

2. 仮想的2次元空間での重力

重力は距離の「1乗」に反比例する。

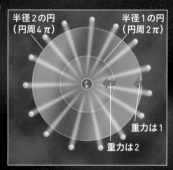

半径2の円
（円周4π）

半径1の円
（円周2π）

重力は1

重力は2

仮想的な2次元世界を考えると，半
径1の円周上をつらぬく重力子の密
度は，半径2の円周上の2倍になりま
す。つまり2次元空間では，距離が
半分になると重力は2倍になります。

不思議な幾何学「トポロジー」

「**コ**ーヒーカップとドーナツは同じ形をしている」。こんな突拍子もない考え方をするのが,「トポロジー」という数学の分野です。**トポロジーでは,のびちぢみさせて同じ形にできる図形どうしであれば,すべて同じ形(同相)とみなします。**

たとえば,線で書かれた2次元の「A」には,線が三つに分岐する点が二つあります(**1**)。「A」は,線が三つに分岐している点を保ちながら「R」に変形できるため,「A」と「R」は同相です。しかし,「A」を「P」に変形するには,途中で三つに分岐している点を一つ減らしたり,線を切ったりしなければなりません。したがって,「A」と「P」は,トポロジーではちがう図形とみなされます。

立体的な3次元の文字をトポロジーで考える場合は,立体にあいた「穴」の数が,同相かどうかを分類する基準になります(**2**)。三つに分岐しているようにみえる場所は,立体だとよりせまい領域を見たときに分岐してみえないため,分類の基準にはなりません。したがって立体の「R」と「P」は同相になります。

なお,コーヒーカップとドーナツは同相ですが,取っ手が二つあるなべは穴が二つあるため,コーヒーカップやドーナツとは別の図形とみなされます(**3**)。また,浮き輪のように内部が空洞になっているものは,一見ドーナツと同じ形にみなせそうでも,内部の空間のつながり方まで考慮すると,別の図形だといえます。

アルファベットをトポロジーで考えると？

線で書かれた文字のトポロジーを考える場合は，特殊な「つながり方」をしている点（**1**で色のついた領域）が分類の基準となります。

　立体的な文字のトポロジーを考える場合は，線の例のような分岐の数ではなく，立体にあいた「穴」の数が，同相かどうかを分類する基準になります。

1

線がつながっている領域　線がつながっている領域
同相の記号
三つに分岐する点は一つしかない
三つに分岐
する点
図形の端
三つに分岐する点
図形の端　図形の端　図形の端
図形の端は一つしかない

2

表面のせまい領域を
見ると分岐していない
立体にあいた穴
表面の広い領域では，三つに分岐しているようにみえる

3

カップの底は穴があいていない

コーヒーカップがドーナツに移り変わるイメージ

取っ手が二つあるなべは，穴が二つあるため，コーヒーカップやドーナツとは別の図形とみなされます。

4

次元の常識をくつがえす最先端理論

「私たちが目にしている世界は，2次元の平面から浮かび上がったホログラムのようなものかもしれない」。今，このような摩訶不思議な議論が，さかんに行われています。4章では，多くの物理学者を魅了している「ホログラフィー原理」を紹介します。

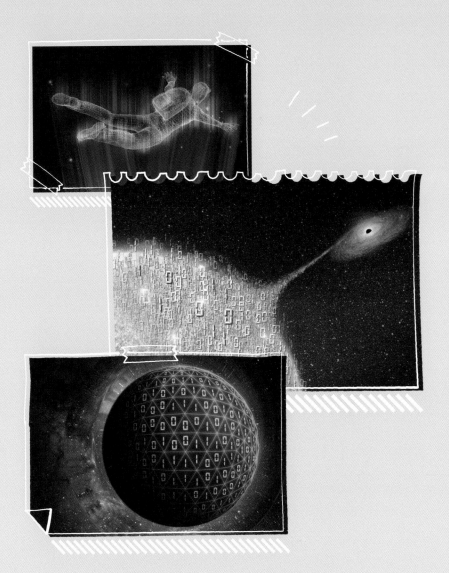

この空間は『ホログラム』のようなもの?

常識をくつがえす「ホログラフィー原理」

私たちの住む3次元空間では,重力は距離の2乗に反比例して弱くなります。しかし,空間が2次元だと重力は距離の1乗に反比例して弱くなると考えられます。このように,次元がことなれば,物理法則もことなります(106〜109ページ)。

しかし,そんな常識をくつがえす理論が考えられています。それが「ホログラフィー原理」です。**ホログラフィー原理では,ことなる次元をもつ二つの世界でおきた別々の現象が,同じ(等価)だとみなせる,というのです。**たとえば,空間が特殊なゆがみ方をしたある世界での重力に関する現象が,別の世界での素粒子どうしが反応する現象と理論上"同じ"だとみなせる,といったことです。

次元の常識をくつがえすようなこの原理には,理論物理学を大きく発展させる可能性が秘められています。

3次元の世界

2次元の世界

この世界はほんとうに3次元なのか

テレビの中には一見，3次元のようにみえる世界が映っています。しかし，テレビの表面は2次元です。テレビは2次元の平面に色をつけることで，3次元的にみせているだけだといえます。私たちの世界は3次元だと考えられていますが，実際の次元の数はことなるのかもしれません。

「面」から「立体」が浮かび上がるホログラム

ホログラフィー原理はホログラムに"似ている"

ホログラフィー原理と聞いて，「ホログラム」を連想した人も多いのではないでしょうか。ホログラムとは，2次元の平面に光を当てたときに，3次元の立体的な画像が再生される技術です。身近な例としては，クレジットカードや紙幣の偽造防止用に，ホログラムの技術が用いられています。また，表面にキラキラした加工のほどこされたシールやカードがありますが，こういった印刷物の表面加工にも，ホログラムの技術が使われています。

右に示した2枚の犬のホログラムの写真は，同じホログラムディスプレイを別角度から撮影したものです。視点を変えてホログラムを見ると，一方の視点では見えなかった部分まで見まわすことができます。これは，一般的な写真とは大きくことなる点です。

実はホログラムとホログラフィー原理の間には，直接的な関係は

立体に見える平面

ホログラムは，立体的な画像を表示できるため，映っている物体をまわりこんで見えるようにしたり，見える角度を変えたときにちがう模様が見えるようにしたりできます。身近な例では，クレジットカードや紙幣の偽造防止技術や，駄菓子のおまけのキラキラ光るシールの表面にも使われています。

ありません。しかし，**ホログラフィー原理の考え方は，ホログラムの『次元の低いものから，次元の高いものを再現する』という考え方と非常によく似ています。**この類似性から，この原理の考案者であるオランダの理論物理学者ヘーラルト・トホーフト（1946～）らは，『ホログラフィー』という名前をつけたといいます。

まるでそこに実物が！　立体を映すディスプレイ

同じホログラムディスプレイを，左側から見たとき（上の写真）と，右側から見たとき（下の写真）の比較写真。ホログラムは立体的な画像を表示しているため，視点を変えた上の写真と下の写真では，見え方がことなります。

重力は"幻の力"なのかもしれない

3次元の世界の理論を2次元の理論に置きかえる

ホログラフィー原理によると，重力に関する3次元の世界の理論を，重力とはまったく関係のない2次元の世界の理論に置きかえられるといいます。**ホログラフィー原理では，たとえば物体の落下のような重力の影響を受けた3次元の世界の現象が，重力のない2次元の世界の現象の"ホログラム"のようなものであると考えるのです。**

自然界には，重力のほかに，電気や磁気に関する「電磁気力」や，素粒子などのミクロな世界でしかみられない「強い力」と「弱い力」が存在します（84〜87ページ）。重力を含めたこの四つの力は，自然界の根源的な力と考えられています。しかし，重力はほかの力にくらべて極端に弱いことから，四つの力の中でも"特別な力"とみ

なされ，多くのことが謎に包まれています。

ホログラフィー原理によると，特別な力である重力に関する現象を，重力を含まない理論で説明することができます。素粒子物理学の悲願は，重力と重力以外の三つの力を一つの理論であらわすことです。もし，重力を考慮せずにあらゆる現象を説明できるのなら，そもそも重力を自然界の根源的な力として考える必要はありません。つまり，**重力は"幻の力"かもしれないのです。**

今のところ，ホログラフィー原理を適用できるのは，仮想上の特殊な時空の世界だけです。現在，どのような世界でどんな形であればホログラフィー原理を適用できるのかが，活発に研究されています。

2次元の世界から浮かび上がるホログラム

重力によって落下している人がいます。ホログラフィー原理をもとに考えると，3次元の世界の重力に関する現象は，重力を含まない2次元の世界の現象のホログラムのようなものだといえるのかもしれません。

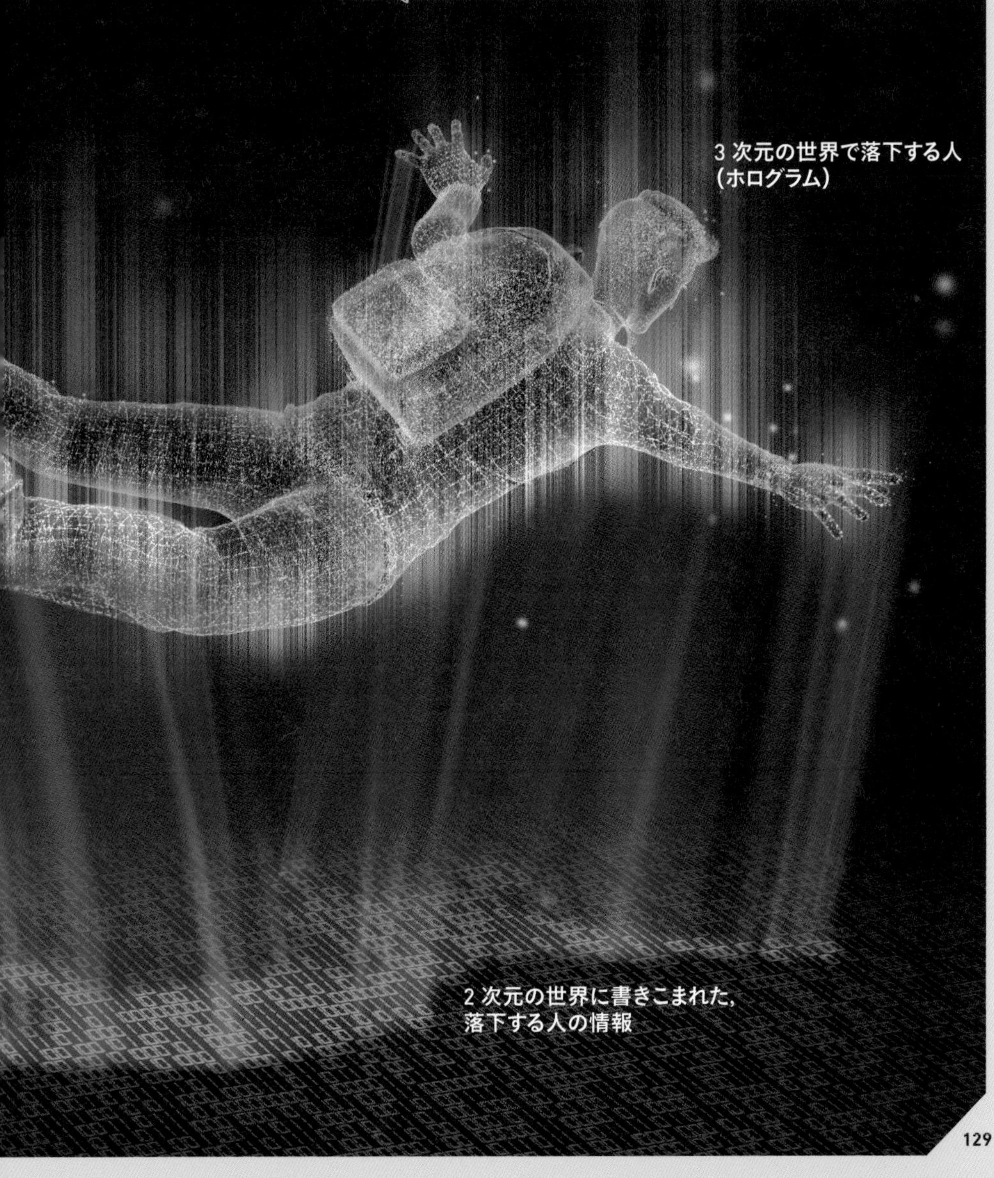

3次元の世界で落下する人
（ホログラム）

2次元の世界に書きこまれた，
落下する人の情報

ホログラムをつくるかぎは「光の干渉」

光の干渉

干渉とは，波に特有な性質で，複数の波が重なり合い，波が強め合ったり弱め合ったりすることです（右の図）。

　下の図は，「二重スリット」を使った光の干渉実験のようすです。板に細いすき間（スリット）をあけ，光源と立てた板の間に置きます。そして光源を点灯すると，板に明るい部分と暗い部分が交互にあらわれます（干渉縞）。

波の山と山，谷と谷が重なると，より大きな波になります。

波の山と谷が重なると，たがいに打ち消し合って，波が消えたようにみえます。

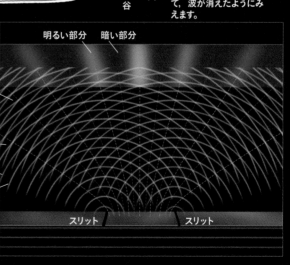

まったく振動しない
この点線上では，つねに波の山と谷が重なるので，波は弱め合います。

大きく振動する
この点線上では，つねに波の山どうし，谷どうしが重なり，強め合います。

明るい部分　暗い部分

波の谷

波の山

スリット　　スリット

ホログラムをつくるには，レーザー光を被写体に当てて反射させ，反射光ともとのレーザー光をフィルムの上で合流させます（**1**）。光は波なので，反射光とレーザー光の波の"山"が重なった場所では強め合い，"山"と"谷"が重なった場所では弱め合います。これを「光の干渉」といい，フィルムの上には縞模様（干渉縞）がえがかれます。

この干渉縞にもとの光源と同じレーザー光を当てると，干渉縞を起点に光が広がります（**2**）。**実はこの光の広がり方は，被写体にレーザー光を当てたときに反射した光の広がり方と同じです。**こうして，さもそこに実態があるかのようにみえるのです。

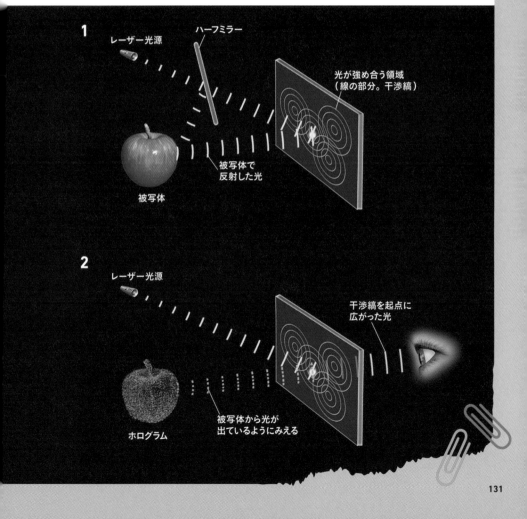

1

レーザー光源

ハーフミラー

光が強め合う領域
（線の部分。干渉縞）

被写体で
反射した光

被写体

2

レーザー光源

干渉縞を起点に
広がった光

ホログラム

被写体から光が
出ているようにみえる

ホログラフィー原理は, "ある謎"から生まれた

ブラックホールに落ちた情報は消失するのか?

ブラックホールに飲みこまれる「情報」

ブラックホールに恒星のガスが飲みこまれていく際に, 同時に恒星の「情報」が飲みこまれていくイメージをえがきました。

　ブラックホールは, 中心に密度が無限大の点(特異点)をもった, 周囲に強い重力をおよぼす天体です。その巨大な重力によって光さえも脱出できなくなった領域は, 文字どおり空間にあいた「黒い穴」のようにみえるはずですが, 表面に何らかの実体があるわけではありません。

恒星

ホログラフィー原理は，どのように生まれたのでしょうか。ことの発端は，イギリスの物理学者スティーブン・ホーキング（1942〜2018）らを中心に，1970年代に巻きおこった「ブラックホールに関する大論争」にあります。

　ブラックホールは，巨大な重力をもつ天体です。その中に飲みこまれると，光でさえも外に出ることはできません。光が出られないということは，逆にいうとブラックホールに飲みこまれたものを，ブラックホールの外側から確認できない，ということです。

　ホーキングは，ブラックホールがわずかながら光（電磁波）などを放出していることを明らかにしました。これを「ホーキング放射」といいます。ブラックホールは，ホーキング放射によってエネルギーを放出し，少しずつ小さくなり，最後には消滅してしまうと考えられています。ホーキングはこのとき，ブラックホールに飲みこまれた物質の情報※も消滅してしまうと考えました。

　しかし，物理学（量子力学）の大原則として，情報は決して消滅しないことが知られています。つまり，ブラックホールとそこに飲みこまれた情報との間には，大きな矛盾が生じていたのです。この問題は，多くの理論物理学者たちを巻きこんだ大論争へと発展していきました。

ブラックホールに
飲みこまれる情報

恒星のガスを飲みこむ
ブラックホール

※：あらゆる物質は，みずからを構成する原子の位置や速度といった「情報」をもっています。このような，細部にかくれた情報の量をあらわす尺度を，物理学では「エントロピー」といいます。

ブラックホールの表面は ホログラムのフィルム？

飲みこまれた情報の行方を示す斬新なアイデア

1970年代，ブラックホールに飲みこまれた情報の行方（前ページ）について，ある仮説が生まれました。

ブラックホールは，飲みこんだ物質の質量に応じて表面積が増大します。また，ブラックホールどうしが合体した場合，その総面積は足し合わせた表面積の値以上になります。

イスラエルの理論物理学者ヤコブ・ベッケンシュタイン（1947〜2015）は，このことと，「情報の総量は決して減少せず，増大しつづける（エントロピーは減少しない）」という物理学の大原則（熱力学の第二法則）が，数式上よく似ていることを発見しました。そして，もしこの二つの現象に密接な関係があるのなら，「ブラックホールの表面積は，内部に含まれる情報の量（エントロピー）に比例する」という仮説をみちびきました。

この仮説を受け，ホーキングはブラックホールのエントロピーを定式化しました（ベッケンシュタイン−ホーキングの公式）。しかし，その結果はおかしなものでした。たとえば，USBメモリーにデータ（情報）を保存するとき，USBメモリーがたくさんあれば多くのデータを保存できます。保存できる装置の数がふえることは，「体積」がふえることと同じです。つまり，一般的に情報の量は，面積ではなく体積に比例すると考えるのが自然なのです。

このおかしな結果の解決の糸口となったのが，トホーフトらが提唱したアイデアです。彼らは，ブラックホールに飲みこまれた物質の情報は，2次元であるブラックホールの表面に“書きこまれる”と考えました。つまり，**ブラックホールの表面が“ホログラムのフィルム”のようになっていて，そこにあらゆる情報が保存されているというのです。**

この考え方こそ，「ホログラフィー原理」の研究のはじまりでした。

ブラックホールの表面に"書きこまれた"情報

ブラックホールの表面（事象の地平面）に情報が"書きこまれている"イメージをえがきました。ブラックホールに飲みこまれた物質の情報は，ブラックホールの内部ではなく，表面に保存されていると考えることで，ブラックホールと情報に関するさまざまな謎が解決されました。

ベッケンシュタイン-ホーキングの公式

ブラックホールのエントロピー（S_{BH}）は，表面の面積（A_{BH}）に比例する。

$$S_{BH} = \frac{A_{BH}}{4l_p^2}$$

l_p^2：プランク面積
$\quad = G_N h/c^3 \fallingdotseq 10^{-70}$ メートル
G_N：重量定数（ニュートン定数）
h：プランク定数
c：光速

ブラックホールが消滅しても，飲みこまれた情報は失われない

ホログラフィー原理がホーキング博士の考えを改めさせた

1998年，アメリカのプリンストン大学のフアン・マルダセナ（1968 〜）が「AdS/CFT対応」を発表しました。

AdS/CFT対応とは，「反ド・ジッター（anti-de Sitter：AdS）時空」という特殊な曲がり方をした3次元空間での「重力の理論」（一般相対性理論）と，重力のない2次元の空間での理論（ここでは量子力学の一種，Conformal Field Theory：CFT）の計算結果が一致するという考え方です。**この理論の登場により，ホログラフィー原理を物理学の具体的な計算に生かせるようになりました。**

AdS/CFT対応は，ホーキング放射にともなうブラックホールの謎（132 〜 133ページ）の解決にも貢献しています。ホーキング放射は，熱をもった炭が光を出すのと同じ，「熱放射」とよばれる現象です。ホーキングは，どのような情報をもつ物質がブラックホールに飲みこまれたとしても，ブラックホールからは温度に応じた同じ（情報をもたない）熱放射が放たれるはずだと考え，その結果，情報は失われてしまうと指摘したのです。

しかし，**AdS/CFT対応を用いて計算すると，ブラックホールのように巨大な重力をもつ天体の現象を，一つ次元の低い世界での量子力学であらわすことができます。**ブラックホールの蒸発も量子力学であらわすと，普通の物質におきる「液体が気体に蒸発する現象」と同じになるのです。

また，量子力学では，情報は決して失われません。これが決定打となり，ホーキングは2004年にホログラフィー原理の有効性を認め，ホーキング放射によってブラックホールが消滅したとしても，飲みこまれた物質の情報が消滅することはないと考えを改めました。

ブラックホールの表面に"書きこまれた"情報が，どのような形で宇宙空間へ放出されるのかは，今も研究が進められています。

20年にわたる大論争の結末は？

ブラックホールの情報は失われるとしたホーキング博士の主張に対し，真っ向から異をとなえたのがアメリカの物理学者レオナルド・サスキンド博士（1940〜）です。サスキンド博士とホーキング博士は20年にわたってはげしい論争をくりひろげ，結局，ホログラフィー原理によってサスキンド博士側の勝利となりました。

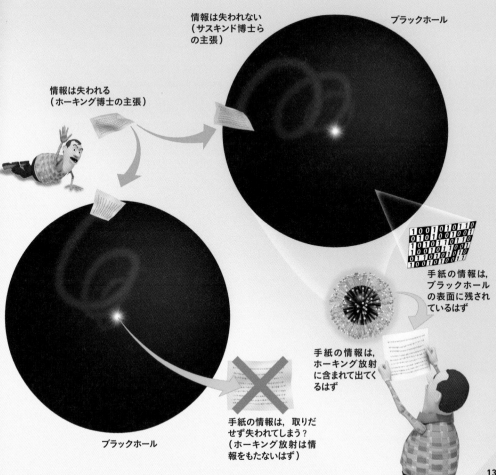

情報は失われない
（サスキンド博士らの主張）

ブラックホール

情報は失われる
（ホーキング博士の主張）

手紙の情報は，ブラックホールの表面に残されているはず

手紙の情報は，ホーキング放射に含まれて出てくるはず

手紙の情報は，取りだせず失われてしまう？
（ホーキング放射は情報をもたないはず）

ブラックホール

ホログラフィー原理は，時空を生みだす原理!?

時空は量子もつれの集合体かもしれない

京都大学の高柳 匡教授と，アメリカのプリンストン大学の笠 真生准教授が2006年に発表した「笠-高柳の公式」は，非常に重要な発見でした。あらゆる物質が原子でできているように，時空（時間と空間）も根源的な"何か"からできている可能性を示唆したのです。

「笠-高柳の公式」は，「量子もつれ※」の強さをホログラフィー原理を用いて計算する式です。 量子もつれとは，ミクロな粒子（光子や電子など）のペアにおいてなりたつ，不思議な関係性をいいます。量子力学では光子（素粒子の一つで，光の粒子）の偏光（光の波の振動のかたより）の向きは，測定するまではわかりません。しかし特殊な装置を用いて光子のペアをつくると，このペアがどんなにはなれていても，片方の光子の偏光の向きを測定した瞬間に，もう片方の偏光の向きが確定するのです。このとき，「二つの光子は量子もつれ状態にある」といいます。

そして「笠-高柳の公式」からは，おどろくべき仮説がみちびかれました。**この世界には"量子もつれペア"が無数につまっていて，そこからまるでホログラムのように，時空が"浮かび上がる"というのです。** 理論物理学の世界では，時空という存在を大前提に，理論を積み上げます。もしこの仮説が正しければ，私たちの世界観は根本的にくつがえされるでしょう。

素粒子物理学の世界では，重要な発見や理論がみつかると同時に，急速な進歩がおきてきました（パラダイムシフト）。ホログラフィー原理も，今まさに素粒子物理学にパラダイムシフトをおこしている最中なのかもしれません。

※：量子もつれは1935年に，アルバート・アインシュタイン（1879〜1955），ボリス・ポドルスキー（1896〜1966），ネイサン・ローゼン（1909〜1995）によって提唱されました。量子もつれ状態のペアは彼らの頭文字（Einstein，Podolsky，Rosen）をとって「EPRペア」ともよばれます。また，2022年のノーベル物理学賞は，量子もつれを実証した3人の研究者に贈られました。

笠-高柳の公式

ある空間の一部の領域Aと，残りの領域Bとの間の量子もつれの強さ$S(A)$は，次の式で計算できる。

$$S(A) = \frac{A_{\Sigma A}}{4l_p^2}$$

Σ_A ：領域Aをおおう極小曲面

$A_{\Sigma A}$ ：Σ_Aの面積

l_p^2 ：プランク面積

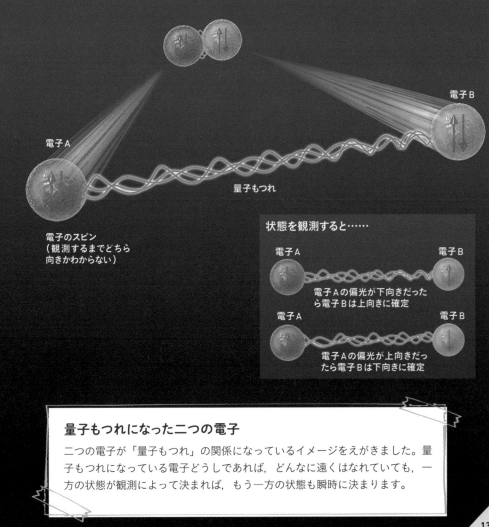

電子B

電子A

量子もつれ

電子のスピン
（観測するまでどちら
向きかわからない）

状態を観測すると……

電子A　　　　　　　　　　　　　　電子B

電子Aの偏光が下向きだった
ら電子Bは上向きに確定

電子A　　　　　　　　　　　　　　電子B

電子Aの偏光が上向きだっ
たら電子Bは下向きに確定

量子もつれになった二つの電子

二つの電子が「量子もつれ」の関係になっているイメージをえがきました。量子もつれになっている電子どうしであれば，どんなに遠くはなれていても，一方の状態が観測によって決まれば，もう一方の状態も瞬時に決まります。

おわりに

　これで「次元の秘密」はおわりです。3次元をこえる高次元の世界を想像できましたか?

　3次元より高い次元は, 私たちの目には見えません。それなのに多くの物理学者は, 高次元の世界は「ある」と考えています。また,「高次元空間は小さく丸まってかくれている」だとか,「空間はホログラムのようなものかもしれない」など, SF映画さながらの奇想天外な仮説がまじめに研究され, 議論されていると知り, おどろいた人も多いのではないでしょうか。

　この世界の現象は, まだまだわからないことだらけです。しかし, ブラックホールの存在が近年実証されたように, 今は奇抜に思える高次元空間の仮説も, 近い将来, 科学的に証明されるかもしれません。

　この本が, 次元に興味をもつきっかけになりましたら, とてもうれしく思います。　🍎

14歳からのニュートン 超絵解本

絵と図でよくわかる
時間の謎
流れゆく過去・現在・未来

A5判・144ページ　1480円（税込）　好評発売中

目をつぶってストップウオッチで10秒ぴったりで止める，そんな遊びを一度はしたことがあるのではないでしょうか。意外と時間の感覚はあてにならないものです。

時間は当たり前のように流れていきます。しかし，時間について考えてみると，さまざまな疑問が浮かびます。たとえば，なぜ楽しい時間はあっという間に過ぎるのでしょうか。なぜ時間は過去から未来へと，一方向にしか流れないのでしょうか。時間にはじまりや終わりはあるのでしょうか。時間とは，いったい何なのでしょうか。

この本では，心理学や生物学，物理学といったさまざまな視点から，時間の正体にせまった一冊です。謎だらけの不思議な「時間」の世界をぜひお楽しみください。